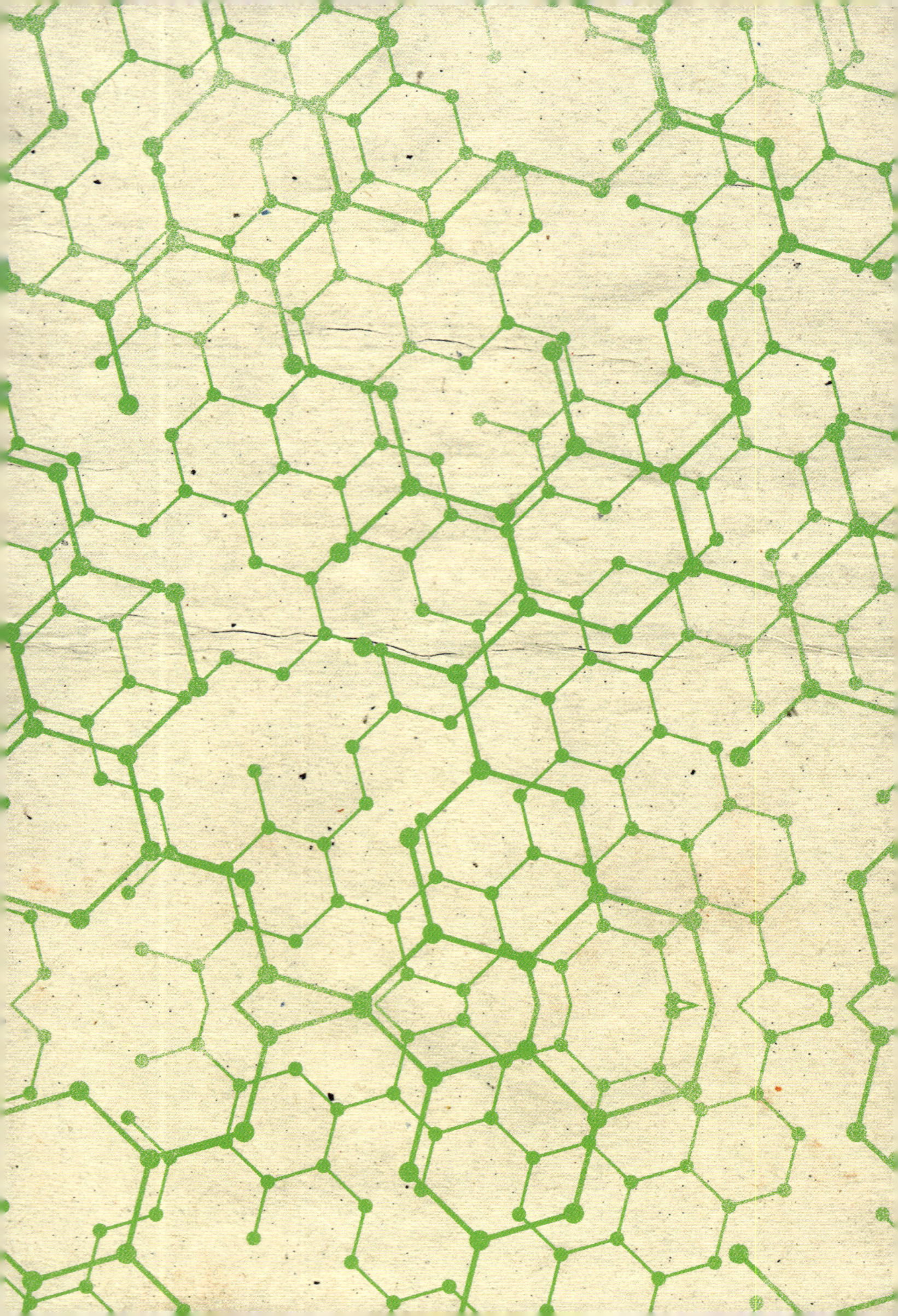

阿卡迪亚的好奇记事本

夏天的科学家

[美] 凯蒂·科珀斯 著
[加] 霍莉·哈特姆 绘
冯菁华 译

童趣出版有限公司编译　人民邮电出版社出版
北　京

图书在版编目（CIP）数据

阿卡迪亚的好奇记事本 /（美）凯蒂·科珀斯著 ；（加）霍莉·哈特姆绘 ；童趣出版有限公司编译 ；冯菁华，高婧，欧阳培琳译. -- 北京 ：人民邮电出版社，2022.3

ISBN 978-7-115-58205-8

Ⅰ ①阿… Ⅱ. ①凯… ②霍… ③童… ④冯… ⑤高… ⑥欧… Ⅲ. ①自然科学－儿童读物 Ⅳ. ①N49

中国版本图书馆CIP数据核字(2021)第252162号

著作权合同登记号 图字：01-2019-4617

责任编辑：孙铭慧
执行编辑：王雨晴
责任印制：李晓敏
封面设计：韩木华
排版制作：敖省林

编　　译：童趣出版有限公司
出　　版：人民邮电出版社
地　　址：北京市丰台区成寿寺路 11 号邮电出版大厦（100164）
网　　址：www.childrenfun.com.cn

读者热线：010 - 81054177
经销电话：010 - 81054120

印　　刷：雅迪云印（天津）科技有限公司
开　　本：889×1194 1/32
总 印 张 11.75
总 字 数 470 千字
版　　次：2022 年 3 月第 1 版 2022 年 3 月第 1 次印刷
书　　号：ISBN 978-7-115- 58205-8
总 定 价 108.00 元（全套 4 册）

目录

献给有好奇心的孩子们，尤其是奥蕾娅、艾瑞斯和安德鲁。

——凯蒂·科珀斯

献给爸爸和妈妈。他们教我从一切事物中学习。

——霍莉·哈特姆

阿卡迪亚的科学笔记
想法
植物细胞
蒸发

科学的笨办法

提出问题

做一些调查研究

继续观察、研究

提出假设

检验自己的假设

发现结果，验证假设

得出书面结论

优+

和别人一起探讨你的结论！

失踪的蓝莓

夏日的一个清晨，习习微风穿过纱窗，唤醒了熟睡的阿卡迪亚。她随意抓了几下凌乱的卷发，揪上马尾，便匆匆忙忙地跑下咯咯作响的旧楼梯。

“早，爸爸！”阿卡迪亚跟坐在餐桌旁看报纸的爸爸打了个招呼，急匆匆地跑了出去，身后的纱门“嘭嘭”作响。

妈妈正在浇菜园子。“早上好，妈妈！我要去看看我的蓝莓。”

“希望你多摘一些，这样就能做蓝莓薄饼啦！”妈妈面带微笑地说道。

每周日的早晨做薄饼是阿卡迪亚一家的传统。她要等到自己种的蓝莓长到足够甜爽多汁，再采摘下来。一口咬下去，鲜香四溢，美味极了。

阿卡迪亚一路小跑着绕过车库，去看自己种的四棵蓝莓树。她边跑边想：曾经为了种这些树，大夏天给它们浇水、除草……付出的所有辛劳，终于要在这个早晨得到回报啦！今天，她就能享受到自己亲手种下的第一捧可口的蓝莓啦！

“不！”看到自己的蓝莓树，阿卡迪亚大喊道。

家里的金毛猎犬巴克斯特听到后，狂吠了一声，迅速向阿卡迪亚冲去。

“阿卡迪亚，你没事吧？”妈妈放下水管子，询问道。

阿卡迪亚一棵一棵地检查着自己的蓝莓树，连连叫喊道：“不！不！不！不！不！”

阿卡迪亚的哀嚎声充满了整个院子，连坐在

屋里的爸爸也闻声走了出来。

“你一定不会错过这个交流的好机会，对吗？”妈妈问道。

爸爸点点头，没来得及换下睡衣，就朝着蓝莓树走去。

“我的蓝莓不见了！昨天还有好多呢，今天都没几个好的了，就剩下这些还没长熟、不能摘的了。”阿卡迪亚趴在地上，边爬边翻找可能掉在树下的成熟了的蓝莓。

“这里有一颗！”爸爸指着一颗被叶子遮住的蓝莓说道。

阿卡迪亚不假思索地从树枝上把它摘下来，扔进了嘴里。“味道太好了！可它们都去哪儿了？没有道理呀！”她一屁股坐在地上，双手抱着头。不一会儿，阿卡迪亚突然抬起头说道：“我知道是谁干的了——是约书亚！”

“阿卡迪亚，你并不了解情况。”

“不，我知道就是他。他平时多刻薄呀！”

“阿卡迪亚，你并没有证据。你不能随便指责别人，除非你有……”

“爸爸，肯定是他偷的。他在他家的院子里正好能看到我的蓝莓树。”阿卡迪亚指着隔开两家的低矮的篱笆，反驳道。

爸爸在阿卡迪亚的身边坐下来：“你不能在没有证据的情况下指责别人。”

“我哪儿来的证据？他把证据都吃掉了。”

“你可以先跟他谈一谈这件事呀！”

“才不呢，我不想跟他说话。我有一个更好的主意——我要用我的双筒望远镜来监视这几棵蓝莓树。等下一波蓝莓长出来的时候，只要约书亚过来偷吃，我就要当场抓住他！”

“或者你可以跟他谈谈的。”

“而且，我打算挂个牌子，写上‘禁止采摘’几个字。这样的话，他来偷蓝莓就算犯法了。”

“或者你可以……”爸爸还想说些什么，但欲言又止。显而易见，阿卡迪亚已经拿定了主意。爸爸只好转换话题：“弄完后记得把油漆清理干净。”

阿卡迪亚站起来说道：“总之，我不相信他。他总是搞破坏。”

“我知道你想吃蓝莓薄饼，要是我用巧克力片代替蓝莓，你觉得怎么样？这样感觉好些没？”

阿卡迪亚点点头，拍拍条纹睡衣上的污渍，为自己想到的这个计划感到兴奋不已。她大步跑起来，也没跟迎面走来的妈妈打个招呼，便急匆匆地走进开着门的车库，四处寻找旧木板和猩红色的油漆。

“阿卡迪亚，你干吗呢？”妈妈问道。

“我要证明约书亚偷了我的蓝莓。”

“他怎么会偷你的蓝莓呢？”

“嗯……他就是那样可恶的一个人。”

“不是，我是说他怎么可能偷你的蓝莓呢？可别忘了，这周末约书亚和他爸爸去卡塔丁山徒步了。”

“那会是谁偷的呢？”阿卡迪亚放下旧木板，问道。

“要不要像个科学家一样来解决问题，弄明白究竟是谁偷走了你的蓝莓？”

“什么意思？”

“用科学的方法来解决。”

“为什么我的爸爸妈妈偏偏都是教科学的老师呢？”阿卡迪亚做了个鬼脸。

妈妈带着阿卡迪亚回到蓝莓树前说道：“现在你有一个问题，让我们看看，你能不能找出答案。”

“‘用科学的方法’是什么意思？”

“就是有条理、有逻辑地回答一个问题，或

者解释一件事情。现在，你已经有了一个需要解决的问题，那么接下来你要做的就是调查研究，然后提出一个假设，之后……”

“听起来工作量好大，我就打算做个标识牌呢。”

“给你个提示：如果偷蓝莓的人不识字，标识牌就没用了。”

“可是我们周围并没有特别小的孩子，我搞不懂了。”

“坐下来仔细想想，观察一下四周的环境，然后提出一个假设，这能让你冷静下来。”

“什么是假……那个词怎么说来着？可别忘了，我才 10 岁呀。”

“假设就是你给这个问题提出的解释。”

“我还是觉得是约书亚干的。”阿卡迪亚一边小声嘟囔着，一边朝后院走去。

阿卡迪亚坐了下来，双手向后撑在草地上，

抬头望了望枝繁叶茂的大枫树，又看了看已经过了花期的丁香树，一会儿盯着晾衣绳上的沙滩巾，一会儿又把目光停留在妈妈的菜园子里。

“我什么主意都没有。”她喃喃自语道。

就在这时，一阵“嘁咔——嘀——嘀——”的声音从清晨和暖的空气中传来。阿卡迪亚抬起头，看到一只小鸟在丁香树和那棵大枫树间飞来飞去。又一阵“嘁咔——嘀——嘀——”的声音传来，当尾音散去时，阿卡迪亚忽然意识到了什么。

“鸟！是小鸟！”阿卡迪亚一边朝妈妈跑去，一边喊道，“我觉得是小鸟！”

“这个想法很好。这些小鸟对蓝莓的关注程度可能比你要高得多呢。我猜，今天早晨它们醒来时也抱着跟你一样的想法，但是，它们最终把问题丢给你了（最终得到了蓝莓）。”

“我真不敢相信是这些小鸟干的。”阿卡迪亚

边说边抬起头看天空。

“既然你已经有了一个假设，怎么去证明它是不是真的呢？”

“那我就把蓝莓罩起来，这样的话，这些小鸟就吃不到了。如果蓝莓能继续生长，这就意味着的确是小鸟偷吃的。”

“那你用什么把蓝莓罩起来呢？”

“防水布？”阿卡迪亚想象着用一块蓝色的大防水布罩住绿色的蓝莓树会是什么样子。“不行，不能用防水布。这些蓝莓树需要阳光和水分。”

“继续想，小鸟不喜欢什么？”

“它们不喜欢巴克斯特，但是我可不想把巴克斯特拴在这里——太不厚道了。”

阿卡迪亚向车库走去。她看到一个工作台，两个耙子，几辆自行车，一架雪橇，还有一些运动器材。阿卡迪亚走向那些运动器材，冲着正在采花的妈妈说道：“我用足球门网罩住蓝莓树，您看行吗？门网是网状的，阳光和水能进来，但小鸟应该进不来。”

“思路不错。”

阿卡迪亚把门网顶在头上，朝着后院走去。妈妈看了看天空，这时阿卡迪亚停了下来。“我想到了一个更好的主意——我打算用门网罩住三棵蓝莓树，留下一棵不罩。如果一两周后，被罩住的树上的果子比没被罩住的多，那我就能肯定，门网起作用了。”

“你刚刚设计了一个实验——你设置了一个对照组，来验证你的假设和结果是否有因果关系。很快你就能知道自己的假设对不对了。但是，你能忍受得了那些小鸟继续偷吃蓝莓吗？”

“如果是约书亚，我忍不了。但是，跟小鸟分享一下还是可以的。既然它们已经偷吃了我的美味蓝莓，再多吃一点儿也没关系。现在我准备把这些都记下来，就写在初夏时您给我的那个本子上。”

“好主意！”

“小薄饼做好啦！”阿卡迪亚的爸爸站在门口喊道。

阿卡迪亚放下门网，和妈妈赛跑——看谁先品尝到厨房桌上那些热气腾腾、散发着巧克力味的薄饼。早饭过后，阿卡迪亚用门网罩住了三棵蓝莓树，然后打开自己的笔记本，在首页上写下“阿卡迪亚的科学笔记”几个字，还配了插图。她记录下自己三天、六天以及九天后的观察发现。整个实验做完时，阿卡迪亚又完成了后面几页的记录。

蓝莓决策树

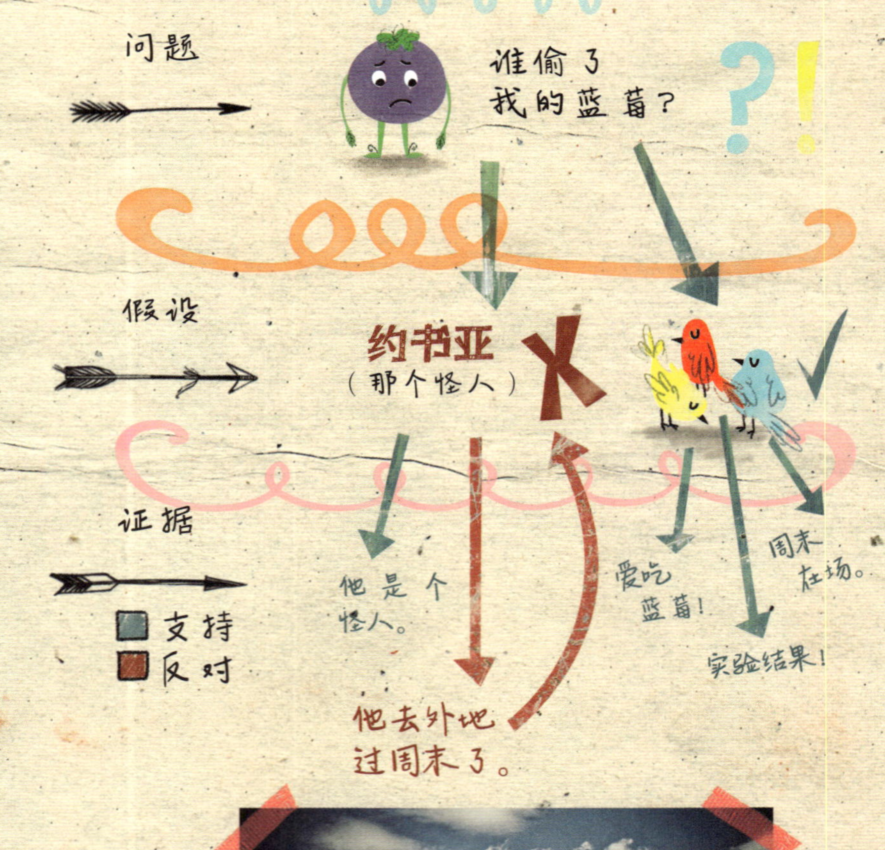

实验梗概

时间（天）	没被门网罩住的蓝莓树	被门网罩住的蓝莓树
3	深蓝色的成熟的蓝莓很少，而淡黄色和浅粉色的果实较多。	深蓝色的成熟的蓝莓多很多！而且，我发现有小鸟站在足球门架子上。
6	又多了几颗浅粉色的蓝莓。我发现一只鸟从门网的网眼那里吃了一颗蓝莓。	成熟的蓝莓更多了。我注意到一只鸟（妈妈说那是雪松太平鸟）把嘴巴伸进网眼里，偷吃了几颗蓝莓。
9	只剩几颗蓝莓了。我发现蓝莓树旁边有只知更鸟。	我继续观察足球门架子上的小鸟。蓝莓树底部留下的果实明显比靠近门网顶部的要多。

结论

我认为是小鸟偷吃了蓝莓。没有被门网罩住的那棵蓝莓树上的果实最少。被门网罩住的另外三棵蓝莓树上的果实更多一些，但也不是很多。小鸟喜欢站在足球门架子上。我觉得是因为门网的网眼太大了，它们依然能钻进去偷吃蓝莓。

新的科学词汇

科学方法

为你的问题找到答案的一种方法。

假设

你所想的一个原因或者结果。这是一种聪明的、科学的预测。

证明

帮助你验证假设的事实。

结论

为你的问题找到的答案。

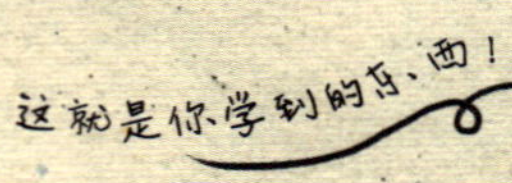

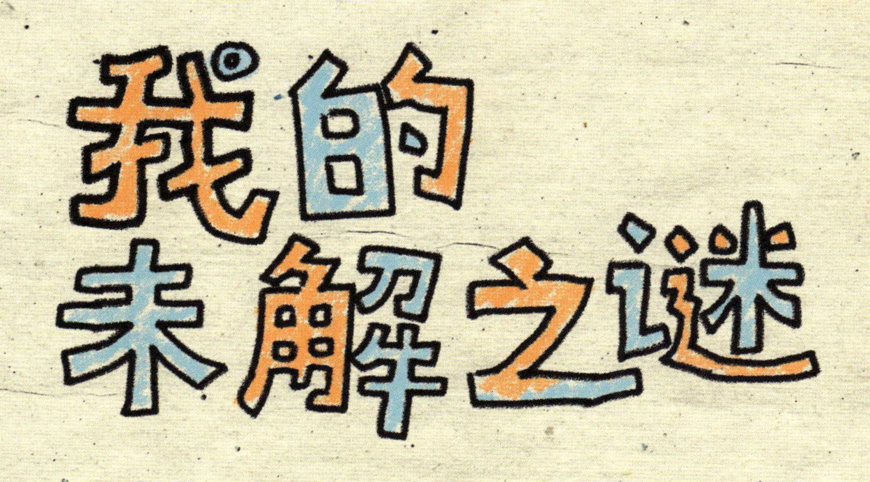

- 能否根据鸟嘴的形状判断它吃不吃蓝莓？

- 小鸟感知到的蓝莓的味道和我所品尝到的是否一样呢？所有动物的味觉都是一样的吗？

- 除了球网，还有什么东西能阻止小鸟靠近蓝莓树？

  录一段巴克斯特狂吠的音频？还是准备一个类似小鸟天敌的毛绒玩具，比如猫头鹰？

基因的故事

八月的一个下午，阿卡迪亚和她的朋友伊莎贝尔一起在院子里踢足球。

两个女孩儿一边踢足球，一边谈论着即将到来的五年级的校园生活，以及暑假最后几周的安排。去海边玩是她们的首选。

“那是谁呀？”约书亚站在自己家院子的矮篱笆处，大声问道。

约书亚比阿卡迪亚小 1 岁，他最大的乐趣就是找阿卡迪亚的麻烦。后来，阿卡迪亚发现，对付约书亚最好的办法就是不搭理他，慢慢地他就会自觉无趣、没劲，也就不再找麻烦了。

“听到我说话了吗？那是谁呀？”约书亚这次的声音更大了。

伊莎贝尔朝约书亚的方向瞧去。看到这一幕，阿卡迪亚试图想办法把约书亚赶走："请不要跟我们说话。"

伊莎贝尔把球踢给阿卡迪亚，说道："阿卡迪亚，别这样。你好，小伙子。"说完，她悄悄地问阿卡迪亚："这就是你经常抱怨的那个邻居吗？他看起来像幼儿园的小朋友，怎么会那么不招人待见呢？"

"他马上要读四年级了。相信我，不要跟他说话。"

"你的朋友真是个傻大个儿。"约书亚冲着阿卡迪亚吼道。

"你说什么？"伊莎贝尔捡起球，朝着约书亚走去，"你刚才说我'傻大个儿'？"

阿卡迪亚连忙跑向伊莎贝尔，拽着她的胳膊说道："别说了，赶紧走，不要跟他有眼神交流。一旦让他觉得你想跟他说话，他就会没完

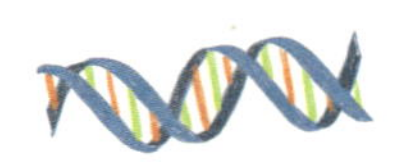

没了。”

“你不觉得你有点儿像长颈鹿吗？你怎么这么高呀？”约书亚喊道。

“你为什么这么小呢？”伊莎贝尔反击道，“你不觉得你小得有点儿像小蚂蚁吗？”

约书亚朝着伊莎贝尔皱了皱眉：“你！这……”

“听我的，马上离开这里。”阿卡迪亚一边跟伊莎贝尔耳语，一边拉着她朝屋子走去。

“你不是有点儿像，你压根儿就是只长颈鹿！”阿卡迪亚和伊莎贝尔从后门进入房间时，约书亚依然不依不饶。

“这个人有毛病吧？”伊莎贝尔问道，“但是，他对你倒没那么刻薄。”

“怎么可能不刻薄？不只针对你，他平常都叫我‘小火球’。”

“小火球？”伊莎贝尔笑了起来。

“就因为我的卷发。”阿卡迪亚在客厅里四下看了看，深吸了一口气，抱怨道，“妈妈！约书亚又讨人嫌了！”

“又这样了？”阿卡迪亚的妈妈叹了口气。她正窝在沙发里看书，听到阿卡迪亚的抱怨后，合上书，坐了起来。

“我不喜欢那个男孩儿。”伊莎贝尔说道。

“他做什么啦？”妈妈挪了挪身子，让两个女孩儿坐到旁边。

“他说我像个傻大个儿，就因为我个子高。”

“别伤心，伊莎贝尔。约书亚只是想引起你的注意，但方式不当。”

“我知道自己个子高，但是我从没想过自己长得古怪。”

“并没有。”阿卡迪亚看看朋友那一头乌黑的秀发和一对棕色的大眼睛，“你的头发在咱们整个年级都是最漂亮的，你的牙齿也是完美的。我刚刚发现，我可能需要戴牙套了……”

“还有呢？”伊莎贝尔笑着说道。

“还有，你的身高优势可以让你成为一个非常棒的守门员。”

“我也不知道自己为什么这么高。我现在才10岁，就已经165厘米了，比我妈妈还要高一些。”

“想想你爸爸有多高，这就是基因的奥秘。”阿卡迪亚的妈妈说道。

“这跟我的记忆有什么关系呀？”伊莎贝尔歪着头，挠了挠自己的脑袋，一脸不解地问道。

“不是记忆，是‘基因’。基因使我们成为现在的样子。我们的基因来自父母，父母的基因来自他们的父母，照此类推，基因会一代一代地往下传。”

“那这就解释了为什么我的头发是卷的了！”阿卡迪亚看看妈妈的卷发。

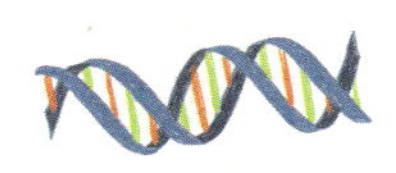

“你很幸运，”伊莎贝尔说道，“有卷发可是件好事呀。”

“可是我也有了和妈妈一样的雀斑，我可不喜欢它们。”

“雀斑怎么啦？”妈妈摸着脸上若隐若现的雀斑问道。

阿卡迪亚皱了皱眉：“爸爸明明没有雀斑，为什么我会像您一样有雀斑呢？”

“雀斑是一个‘性状’。性状就是从父母一方或双方遗传过来的特征。”

“我也有一些和爸爸一样的性状，比如他的棕色眼睛。一个人会被遗传什么，不会被遗传什么，这个有什么规律吗？”

“嗯，有些性状是显性性状，比如伊莎贝尔的小酒窝。伊莎贝尔，你们家谁有酒窝？”

“我妈妈有。跟她一样有酒窝，我很开心，可是我姐姐就没有。如果酒窝是显性性状，这怎

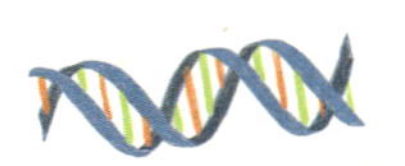

么解释呢？不太可能吧？”

“你们俩觉得呢？”

“我知道了！也许她不是我的亲姐姐？”伊莎贝尔笑道。

阿卡迪亚的妈妈拍拍伊莎贝尔的肩膀：“她是你的亲姐姐。再想想。”

“哦，我的爸爸没有酒窝，肯定跟这个有关系吧。”

“嗯，有关系。但是，你的爸爸妈妈的家族基因，也起了很重要的作用。”

“你的爷爷奶奶或外公外婆有酒窝吗？”阿卡迪亚问道。

“外婆没有，但是外公有。这个有关系吗？”

“有关系。虽然你的妈妈有酒窝，但是她应该同时携带了酒窝的显性基因和隐性基因。你爸爸的家族中谁有酒窝吗？”

“没有。也就是说，爸爸携带的是隐性基

因？”

“是的，你的妈妈既携带着酒窝的显性基因，又携带着隐性基因。这样看来，你有酒窝，而你的姐姐却没有，这种可能性是存在的。所以，不管你喜不喜欢，她应该就是你的亲姐姐。”阿卡迪亚兴奋地插话道。

伊莎贝尔笑了笑，用手摸摸脸颊上的酒窝说道：“也就是说，我也同时携带着酒窝的显性基因和隐性基因。所以，将来，我的酒窝可能遗传，也可能不遗传给我的孩子。这可真奇怪。”

“说到奇怪，约书亚岂不是更奇怪？他的爸爸妈妈都很好。父母人好，他们的孩子不也应该很和善吗？”阿卡迪亚问道。

“约书亚还在努力发现自己是谁。有些外在的东西我们是无法改变的，比如我们将来会长多高。但幸运的是，我们的内在一直在发生着变化。”

“那这样的变化什么时候才能发生？”阿卡迪亚问道。

“约书亚对你和伊莎贝尔说的话是不对的，但……”

“但是什么，妈妈？他可太坏了！”

“但重要的是，我们要给他一个改过自新的机会。你们俩愿不愿意让他跟你们一起踢足球？”

“才不呢！哪儿有他，哪儿就遭殃。”

“以前，姐姐不跟我玩的时候，我就会表现得很生气。”伊莎贝尔说道，“我敢说，约书亚就是想引起别人对他的注意。”

“但是，我可不想跟他一起玩。”

伊莎贝尔叹了口气：“也许我不应该喊他‘小蚂蚁’。”

“没有，你没错。”阿卡迪亚继续说道，“他活该。”

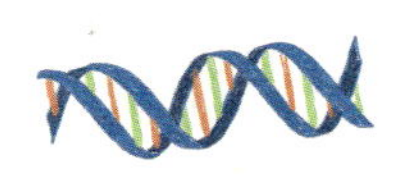

“我知道约书亚十分在意自己的身高。”妈妈说，“他是他们年级最矮的男孩子。”

“可是，就是因为他，伊莎贝尔也开始纠结自己的身高了。”

“我还好。我的身高应该是随爸爸，他上大学时还因为打篮球拿过奖学金呢。也许，身高的确能给我带来一些优势呢。”伊莎贝尔边说边站了起来，伸手把阿卡迪亚从沙发里拉了起来。

“你真想让他跟我们一起玩吗？”阿卡迪亚问道。

“我们就给他个机会吧。”

“好吧。但是我得告诉他，如果他再说尖酸刻薄的话，就让他回到自家院子里去。”

“我跟你们一起去。”妈妈说道，“万一约书亚又不友好了，我就跟他谈谈。”

“请您一定告诉他，别那么招人烦。”阿卡迪亚边说边打开了后门。

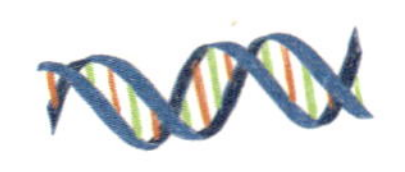

“阿卡迪亚，我想先跟你谈谈。”妈妈走到后门台阶处，和阿卡迪亚一起坐了下来。伊莎贝尔去捡球了。“我们无法控制自己是长雀斑还是长酒窝，但是，我们能控制自己的选择，也能调整我们待人接物的方式。”

其实，阿卡迪亚也很想像妈妈一样通情达理、善解人意，可是有时候做起来实在太难了。尤其是在面对约书亚时，她总是控制不住自己的脾气。

“让我们教教约书亚，什么叫作友善。”妈妈说道。

“您是指有点儿不善？”

“阿卡迪亚……”

“开个玩笑。”

“别忘了，约书亚可是仰视你的哟！”

“妈妈，他的个头儿太小了，他得仰视所有人。”

妈妈听到后笑了。

阿卡迪亚喜欢逗妈妈笑。她轻轻地问："妈妈，伊莎贝尔正在等我，我能过去了吗？"

妈妈点点头。

阿卡迪亚跑过来之后，伊莎贝尔把球传给了她。但阿卡迪亚没有把球传回去，而是把球抱起来，朝骑在矮篱笆上的约书亚走去。"约书亚，如果你想和我们玩球，得先向伊莎贝尔道歉，你能做到吗？"

"当真？"

阿卡迪亚深吸一口气，试着拥有妈妈的那种平静："真的。"

"这才是我的女儿。"阿卡迪亚的妈妈自言自语道。

约书亚翻过篱笆跑向伊莎贝尔："对不起！"

"你哪儿做错啦？"伊莎贝尔问他。

"我说话太刻薄了。"

“确实是，还有，你说话太没礼貌了，但是我接受你的道歉。刚才我不该叫你“小蚂蚁”，也为此向你道歉。但就是因为你说话太刻薄了，我才这么给你起外号的。”

“我对自己的行为感到抱歉。现在我能和你们一起踢球了吗？”

“可以，但是，请你不要再用那样的方式跟我或阿卡迪亚说话了。”

“不会了。”

阿卡迪亚向妈妈望去，看到了她的笑容。妈妈的微笑让阿卡迪亚也笑了起来，作为妈妈的女儿，她觉得很自豪。

几天后，外面下起了雨。阿卡迪亚打开自己的科学笔记，记录下她学到的关于基因的知识。在阅读了妈妈推荐的孟德尔的豌豆杂交实验的故事后，阿卡迪亚自己练习着用棋盘法计算某个性状从父亲或母亲那里遗传给孩子的概率。她发现，大多数性状都太复杂了，棋盘法根本算不过来。但好在，对于酒窝这个性状的遗传概率，棋盘法是管用的。

阿卡迪亚现在明白了，不管你有哪些性状，也不管这个性状是从父亲那里还是母亲那里遗传来的，孩子都携带着父母双方的基因。如果控制有酒窝的一个显性基因和另一个显性基因配对，孩子就有酒窝。如果控制无酒窝的一个隐性基因和另一个隐性基因配对，孩子就没酒窝。但是，如果一个显性基因和隐性基因配对，孩子还是会出现酒窝，因为酒窝是显性性状。

用棋盘法算完伊莎贝尔有酒窝的概率后，阿卡迪亚终于弄明白了为什么伊莎贝尔有酒窝，而她的姐姐却没有。因为，她们姐妹俩有酒窝的概率都是 50%。

伊莎贝尔的酒窝棋盘

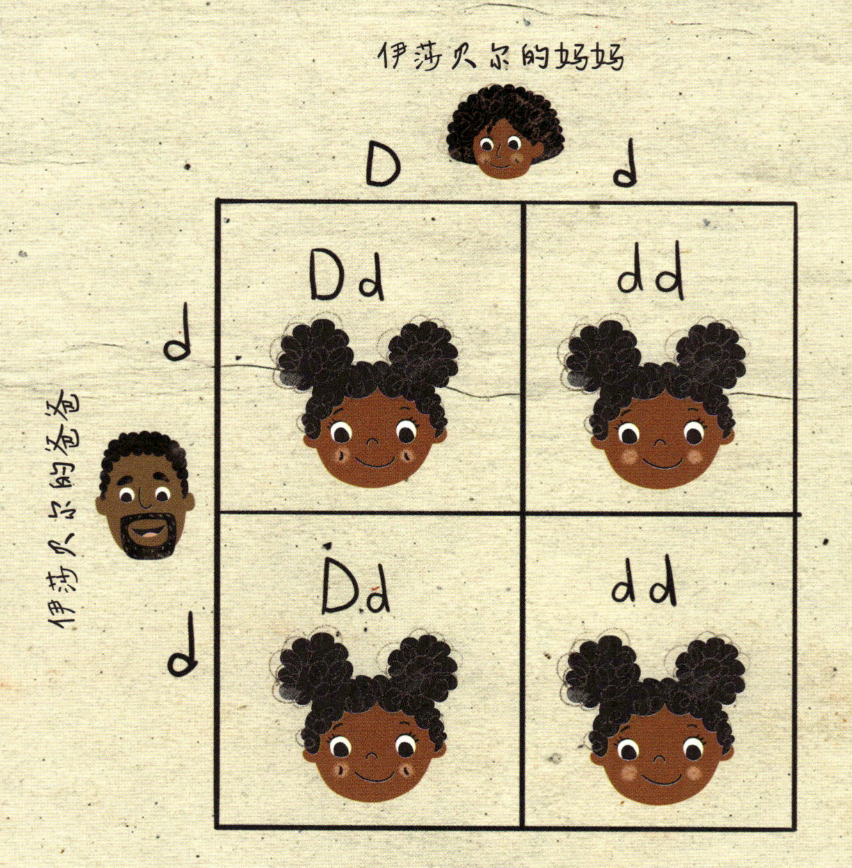

伊莎贝尔和姐姐有酒窝的概率都是50%。

我的家人的性状

我的家人的性状数据。雀斑和酒窝都可以用棋盘法算，但其他性状太复杂了，不适用。

性状	我	妈妈	爸爸
眼睛颜色	棕色	蓝色	棕色
头发颜色	金黄色	暗黄色	棕色
卷发	是	是	否
雀斑	有	有	无
酒窝	无	无	无
卷舌	是	否	是
大耳垂	有	有	有
美人尖	无	无	无

新的科学词汇

遗传学

生物学的一个分支，研究生物体遗传和变异的规律。

基因

存在于细胞之中，是有遗传效应的DNA片段。

DNA

主要存在于细胞核之中，是长长的链状结构。DNA中含有不同遗传信息，能分别控制不同的性状。

性状

是生物体形态结构、生理和行为等特征的统称。

显性性状

具有相对性状的两个纯种个体杂交时，子一代表现出的性状，叫作显性性状。

隐形性状

具有相对性状的两个纯种个体杂交时，子一代未表现出的性状，叫作隐性性状。

- 如果我有兄弟姐妹，她或他会有哪些性状呢？

- 狗有哪些显性性状和隐性性状呢？我在想，巴克斯特长得更像它的爸爸还是妈妈？

- 呃，是不是也有俏皮话基因？爸爸经常爱说俏皮话，可我并不觉得好笑。或许我可以用棋盘法算算，看看说俏皮话是显性基因还是隐性基因？

沙子从哪儿来

阿卡迪亚关上车门，抬头望着湛蓝的天空。碧空无际，阳光洒在海面上，层层海浪闪闪发光。

阿卡迪亚和妈妈走在通向沙滩的崎岖不平的小石子儿路上。她就像妈妈的一个小影子，同样的金黄色卷发梳成马尾，每走一步，马尾就跳动一下。

看着脚下的小石子儿，阿卡迪亚说道："这条路真不好走哇。"

妈妈小心翼翼地走着。不一会儿，她停下来说道："快看，阿卡迪亚，这是块许愿石。"

阿卡迪亚捡起那块光滑的石头——四周是浅灰色的，中间有一小圈白色。她把石头放在手心里，用手指来回拨弄，仔细翻看着那一小圈白色。每次来到海边，阿卡迪亚和爸爸妈妈总能找到漂洋过海的许愿石，许下愿望后，再把它们扔回海里。

“妈妈，这里还有一块！”阿卡迪亚把许愿石捡起来，用手把它擦干净。一家人继续朝着靠海的沙滩方向走去。

妈妈指着一块足以放下他们的毯子的沙滩说道：“这里怎么样？”

“我觉得挺好的。这里的沙子又细又软，我就喜欢这个。”阿卡迪亚把自己的包丢到沙滩上，然后把许愿石递给妈妈。她脱掉人字拖，把脚指头伸进沙子里。“为什么仅仅走了一分钟，这条路上坚硬的小石子儿就变成了柔软的沙子了呢？”

“来，咱们去海边走走，看看你能不能找到答案。”

阿卡迪亚拎起自己的拖鞋。“我得带着鞋，万一海边又有小石子儿了呢。”

“别担心，不会有的。”

“您怎么知道的？”阿卡迪亚放下拖鞋问道。

“一会儿你就知道原因了。海玻璃能更好地解释这个现象，你能帮我找几块吗？”

“没问题！”阿卡迪亚痛快地答应了，跑去前面寻找。游泳、堆沙堡和找海玻璃是阿卡迪亚来海边最喜欢做的三件事。

大约走了一分钟，阿卡迪亚在涨潮线附近找到一块磨砂质感的白色海玻璃。她蹲下来，捡起这块白色的玻璃时，还顺手抓了一把沙子，观察着它们的颜色和质地。大多数的沙粒是细软的、棕色的，还有些沙粒像小水晶，另一些则像黑色的木炭颗粒。

阿卡迪亚继续走着，又发现了一块灰色的、藏在被冲上岸的海藻里的海玻璃。这块玻璃有些被磨损的痕迹，表面不像那块白色的那么光滑。阿卡迪亚跑回去找妈妈。妈妈手里拿着两块玻璃，一块是绿色、毛边的，另一块是干净锋利又透明的，像是刚刚被打碎的玻璃瓶的碎片。

“你能按光滑程度给它们排个序吗？”妈妈问道。

阿卡迪亚拿过来那块锋利的透明玻璃。“我们应该把它扔回海里，或者更应该扔到垃圾桶里。它并不是海玻璃呀。妈妈，你很有可能捡到别人扔的垃圾了。”

“哎，等一下，我捡起它是有原因的。我就想看看，你能不能把它分辨出来。这些玻璃在某种程度上很像石头。你刚才的问题——为什么有些石头很粗糙，有些却很平滑，从这里就能找到答案。”

阿卡迪亚看着这几块海玻璃，又望了望远处尖锐的石块，说道：“我不明白。”

“那——海玻璃是怎么形成的？”

“从这种有棱角的状态，”阿卡迪亚指着这块锋利的玻璃说道，“到平整光滑。”

“这个过程是怎么发生的？”

“碎玻璃片经过海水和沙石的打磨后，就变得光滑了。”阿卡迪亚看看正挑着一条眉毛的妈妈。她知道，妈妈只要一挑眉毛，那就意味着快要琢磨出什么道理来了。阿卡迪亚望了望远在涨潮线以外的有棱角的石头，又低头看了看海岸线附近的柔软沙滩。“石头也经历了同样的过程！这就是离海水越近，石头越光滑的原因了。海水在不停地冲刷、打磨这些石头。”

“没错。那沙子是怎么来的？”妈妈指着脚下被海浪来回推涌着的沙子问道。

阿卡迪亚抓起一把潮湿的沙子，同时感受着脚下袭来的丝丝凉意——海浪将一些碎沙砾和破损的贝壳一股脑儿地冲到她的脚指头上。不一会

儿，浪又退了回去。几秒钟不到，她的双脚就被涌来的海水淹没了。阿卡迪亚想象着，如果自己是一块石头，连续几小时或几天，日复一日，年复一年地被海浪、沙子及贝壳冲刷着，是种什么样的感受。

又一波海浪袭来时，阿卡迪亚笑着跟妈妈说道：“我觉着沙子原来应该是岩石的一部分，就像那块锋利的透明玻璃原来是瓶子的一部分一样。海浪将岩石和沙子拍打到其他石块上，经年累月下来，岩石就会变得越来越小、越来越光滑。这就是越靠近海水，沙子越多的原因了。”

妈妈冲女儿微微一笑，捧起一把沙子，问道：“看到它们不同的颜色了吗？你能理解为什么沙子的颜色不一样吗？”

阿卡迪亚摸了摸妈妈手里的沙子：透明的、黑色的和棕色的，它们的质地也都不相同。有些

沙粒光滑得像玻璃，有些则像砂纸一样粗糙。阿卡迪亚想到了刚才走过的硌脚的石子儿路，那里每个石子儿也都是不同的。她又仔细看了看手里的沙子，每一粒都像极了一块微小的岩石。“这些沙子的颜色不一样，是因为它们来自不同种类的岩石，就像不同颜色的海玻璃来自不同种类的瓶子一样。”

“你说对了！”

“所以，如果我往海里扔一块岩石，将来有一天，它也会变成上百万粒的沙子吧。”

“那得需要相当长的一段时间。”

“太神奇了。”

妈妈从口袋里拿出两块许愿石。“现在，我们还是来欣赏一下它们吧！”说着，妈妈递给阿卡迪亚一块许愿石。

“这得花多长时间才能变成这么光滑的石头哇！”阿卡迪亚说道，“现在我明白了，为什么它们被叫作‘许愿石’。它们真是非常非常的与众不同。可是，为什么这块灰色的石头上会出现白色的条纹呢？”

“嗯，”妈妈凑近看向阿卡迪亚手里的那块石头，说道，“不同的矿物压缩或混合在一起，逐渐形成了岩石。有些岩石含有很多矿物，但这块看起来只含有长石和石英。灰色的是长石，中间白色的是石英。条纹状的岩石中大多含有石英。”

阿卡迪亚用大拇指轻轻地摩挲着她手里的石头，悄悄许下个愿望后，把它扔回到波光粼粼的海水里。回到家后，妈妈打开了一个盒子，里面放着不同种类的岩石和矿物。她递给阿卡迪亚三块云母和四块石英。仔细察看过后，阿卡迪亚突发奇想，她准备用自己在海边学到的东西来做一个实验。可是，这个想法一来，一大堆问题又接踵而至，这可是阿卡迪亚没有预料到的。妈妈告诉她，在解答一些科学问题的过程中往往会遇到更多的问题。这就是科学家获得新发现的过程。

我的矿物实验

问题： 有些岩石是不是要比其他的岩石更容易被磨损？岩石由矿物构成，这是不是意味着某些矿物要比其他矿物更易碎？

研究： 与岩石不同的是，矿物是纯净物。石英就是石英，而一块岩石可能由多种矿物组成。比如，花岗岩由石英、长石和云母等组成。

我发现，可以用“莫氏硬度”来比较不同矿物的硬度，再根据硬度给它们排序。比如，滑石的硬度等级是1（硬度最低），金刚石的硬度等级是10（硬度最高）。硬度高的矿物能够划破硬度低的矿物。比如，金刚石能轻易地把滑石划破。在“莫氏硬度”中，云母的硬度为2~3，石英的硬度是7。

假设： 如果我把几块石英放在一个瓶子里，把几块云母放在另一个瓶子里，两个瓶子晃动相同的时间，那么，云母应该碎得更快，因为它的硬度比石英低。

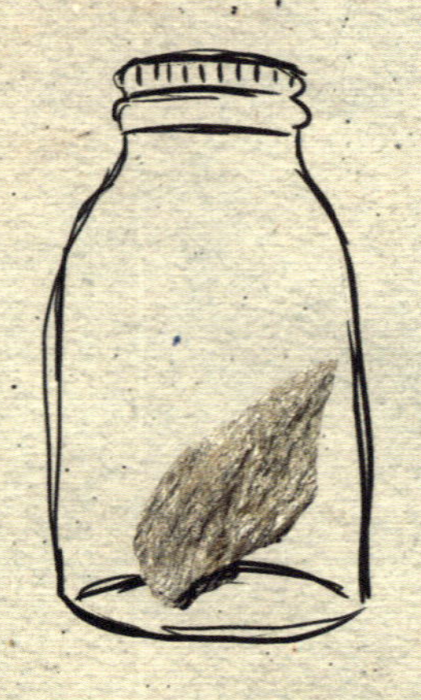

步骤：

1. 找几块云母和石英。
2. 给两种矿物拍照。
3. 把云母样品放在一个可以拧上盖子的塑料瓶子里。
4. 把石英样品放在另一个可以拧上盖子的塑料瓶子里。

5. 一手握住一个瓶子，左右手同时使劲摇晃瓶子5分钟，我听着音乐跳了5分钟的舞，但好像戴上耳机更明智一些，因为摇晃瓶子所产生的声音实在太大了。
6. 戴上护目镜。

7. 小心翼翼地把盖子拧开（要小心从瓶子里漏出来的矿物粉末）。
8. 把两个瓶子里的东西全部倒出来，观察一下云母和石英分解的情况。
9. 给两种矿物拍照。
10. 用前后两组照片做对比，观察其不同之处。

实验材料： 两种类型的矿物样品、两个能拧上盖子的塑料瓶子、护目镜、耳机和照相机。

我的矿物实验数据

矿物质	摇晃5分钟之前的图片	摇晃5分钟之后的图片
云母		
石英		

结论：

这个实验过程有点儿像快速的物理风化。摇晃5分钟后，云母碎成了很多小块（有些碎成了粉末，根本没办法数清）。云母和石英的边缘都变得光滑一些了，虽然石英的变化没有云母那么明显，依然是四大块，但是我仔细数了一下，石英一共碎成了14块，能清晰地看到许多细软的、粉末状的石英颗粒。通过这个实验，我明白为什么沙滩上有那么多的云母碎块了，它们真的太容易碎了。

岩石风化的过程

风化的岩石可能会沿着山坡滑下来，这个过程会加剧它的风化。

新的科学词汇

物理风化

岩石、矿物在物理风化中受冰冻作用、膨胀收缩作用、温度因素等影响下的破碎。

沉积物

沉降到水体底部的固体颗粒，有时体积小（比如沙子），有时体积大（比如鹅卵石），这取决于风化的程度。

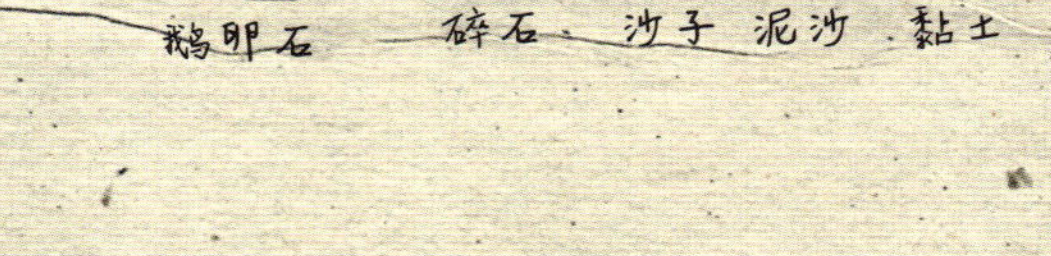

侵蚀

在风、浪、水流作用下，岸滩表面物质被逐渐剥落分离的过程。沙谷是水蚀而来的。

沉积

水流、风等流体在速度减慢时，所携带的沙石、泥土等沉淀堆积起来。

- 矿物是怎么来的？它们的形成过程是否会影响它们的硬度？

- 如果我把石英和云母放在一个容器里摇晃，云母会不会分解得更多，因为它的硬度相对较小？

- 是不是因为钻石（经过琢磨的金刚石）在“莫氏硬度”中硬度是10（最高），所以它才那么贵？

夏天的太阳为何早早升起

当清晨的阳光透过卧室的窗户照在脸上时，阿卡迪亚不耐烦地哼唧起来。她翻过身躲开阳光，把被单紧紧地蒙在脑袋上。她正打算伸手去拿枕头，把自己遮挡得更严实时，一阵叽叽喳喳的鸟鸣声传来。这些小鸟好像正在就一件什么事进行着冗长而又兴奋的谈话——极有可能是在谋划组团去偷吃自己种下的可口的蓝莓。“请你们快回去睡觉吧！”阿卡迪亚又盖上被单，大声叫道。

爸爸正在楼下喝咖啡，听到阿卡迪亚的声音，他赶紧放下咖啡杯，跑上楼去。打开房门，他看到阿卡迪亚用被单蒙着脑袋，头发露在外面。

“阿卡迪亚，你没事吧？”爸爸问道。

阿卡迪亚摇摇头，同时把头蒙得更严实了。“没事，”阿卡迪亚呻吟道，“又有人找我的茬儿了。”

“谁在找你的茬儿？是约书亚吗？我以为你俩的关系缓和了一些了……”

“不是约书亚，是太阳，还有那些小鸟。”阿卡迪亚掀开被单，眉头微皱，长着雀斑的脸蛋上写满沮丧，“我都让它们吃我的蓝莓了，这还不够吗？现在，它们连觉都不让我睡了。爸爸，您能帮我关上窗户，拉上窗帘吗？”

“昨晚睡觉的时候你就应该这样做呀！你知道，太阳总会升起来的。”

“这是夏天，太阳为什么早早地就升起来了呀？我可是好不容易才睡着的。”阿卡迪亚坐了起来。

“那你是想弄明白太阳为什么升起得那么早，还是想接着睡觉呢？”

“我醒着呢。我更想知道我为什么会醒这么早。”

爸爸拿过阿卡迪亚身旁的毛绒玩具熊：“我来给你展示一下，为什么你不应该责怪太阳。我们来假设，鲍勃（玩具熊）就是地球。更确切地说，我们假设它的头是地球。”

阿卡迪亚打了个哈欠，又揉揉眼睛。

“别嫌弃我嘛。*”爸爸笑着说，“对呀，亲爱的，这是清晨六点半的双关语。”

听到爸爸的笑话，阿卡迪亚笑了笑，又摇了摇头。她总爱拿爸爸的双关语嘲笑他，但她的的确确喜欢爸爸老掉牙的幽默感。

爸爸俯下身，捡起地上的一个足球：“现在，我们假设你的足球就是太阳，你能让地球围着太阳转吗？”

---

*注：此处原文为 bear with me. 可以翻译为“别嫌弃我嘛”，也可以翻译为“玩具熊和你在一起”。所以是双关语。

阿卡迪亚接过玩具熊，让它围着足球绕了一圈。

“还不错，但是，你是不是忘了些什么。地球在公转的同时，它也在不停地自转呀。”

阿卡迪亚重新开始了“公转”，同时还旋转着鲍勃，让它进行360度的自转。

“你注意到什么了？”爸爸问道。

阿卡迪亚看到，鲍勃先是面向太阳，之后背向它，不一会儿又面向了太阳。“我明白了！如果地球不自转，那么地球上只有一半的地方有阳光，另一半永远处在黑暗中。”阿卡迪亚用手旋转着鲍勃，思考着自己的一天。自己睡醒时是白天，睡觉时天色就暗了下来。翌日醒来时，又是白天。“地球绕着自己的轴自转满一圈，肯定需要一天的时间。”

“对，是24小时，这就是为什么我们每天有24小时。”

“可是，我还是弄不明白，为什么夏天的光照时间要比冬天的长呢？”

“你注意到自己手握鲍勃的姿势了吗？鲍勃的头是竖直的。实际情况是，地球的自转是有个角度的，一个 23.5 度的角，也就是说……”

“我们是倾斜的……”阿卡迪亚把鲍勃的头转向足球，“所以，我们朝太阳一侧倾斜跟光照时间是有关联的。”阿卡迪亚让鲍勃一直保持一个倾斜的角度围着足球转圈——乍一看鲍勃要用头顶那个球似的。但她注意到，当鲍勃转到足球的另一侧时，刚刚朝足球倾斜的头部此时反倒远离了足球。

“此时此刻，我们所在的位置正朝着太阳一侧倾斜，”爸爸提示道，“所以，这就说明……”

“我们朝太阳倾斜时，就是夏季；我们远离太阳时，就是冬季。”阿卡迪亚补充道。不一会儿，她又意识到点儿什么——当鲍勃的头部朝足球倾斜时，它的底部却是远离足球的。“所以现在，我们这里是夏季，那么生活在地球下半部分的人们那里现在就是冬季。”

爸爸笑了笑：“我们管它叫作南半球。所以，我们这儿是冬季时……”

“他们那儿是夏季。”

“你说对了！地球的一半朝太阳一侧倾斜时，另一半则远离太阳。如果地球不倾斜，我们就没有四季的交替了。”

“那得多没意思呀！”紧接着阿卡迪亚又想到另外一些问题。她把鲍勃倾斜着移动到它的头部正对着足球和正背离足球的轨道的中点处。“爸爸，这里该是个什么情况？”她问道，“现在，这里没有哪一半是正对着太阳的了，这个现象叫什么呢？”

“这是北半球的春分，正处在冬季过渡到夏季的中间点。这是南半球的秋分，正处在夏季过渡到冬季的中间点。”

阿卡迪亚点点头，说道：“您能把笔记本和铅笔递给我吗？”

正当她打算在笔记本里写写画画的时候，阿卡迪亚又想到了另一个问题：“可是，并不是所有人都像我们一样有四季变化，那是怎么回事呢？”

“如果你住在赤道附近，也就是那个假想的环绕地球表面、与南北极距离相等的圆圈附近的话，地球的倾斜对你几乎不会产生太大影响，所以每天的日照时间几乎相同。但是，我们住在赤道与北极几乎正中间的位置，所以地球的倾斜对我们的影响很大。”

阿卡迪亚指着鲍勃头顶上的两只耳朵，问道：“住在这个地方的人是什么情况呢？”

“住在北极地带的人们有着漫长而黑暗的冬季。12 月 21 日这天，阿拉斯加州的费尔班克斯，仅在中午时段有 4 小时的光照时间。在阿拉斯加州北部的诺姆，从每年的 11 月末到来年的 1 月末，根本就见不到太阳。但是，6 月 21 日时，费尔班克斯的光照时间可长达 21 小时。而在诺姆地区，从 5 月初到 8 月初，太阳会一直高高挂在天空中。”

“您怎么懂得这么多呀，爸爸？还有一点更重要的，阿拉斯加州的人们夏天怎么睡觉呢？”

“他们会买特别厚的遮光窗帘。”

“我觉得我也需要一些。”阿卡迪亚走到窗户边，用力把窗帘拉严实后，又跳回到了床上，闭着眼睛说道，“谢谢您，爸爸。我以后不会讨厌太阳了。”

窗外，小鸟的“嘁咔——嘀——嘀——”的声音又一次传来。

“我要是能听懂这些鸟语多好。”阿卡迪亚叹了口气，拿被单蒙住头。不一会儿，她突然坐了起来：“哦！我知道它们在干吗了！它们很可能也在抱怨太阳把它们弄醒了。”

“你知道这些小鸟在聊什么，因为早起的鸟儿有……”

“蓝莓吃？”阿卡迪亚笑一笑，插话道。

“我本来想说‘有虫吃’呢，但你说得也对，我觉得它们也吃了你的蓝莓。”

“给我留一点儿就好，小鸟啊。给我留一点儿！”阿卡迪亚躺下后翻了个身，又睡了过去。

两小时后，阿卡迪亚醒了。她拉开窗帘向外望去，窗外生机盎然，阳光明媚。看到大枫树在院子里投下的长长的影子，她想到了爸爸教给她的地球自转与公转的规律。

我的问题： 太阳的高度会影响爸爸影子的长短吗？

调查研究： 影子的出现需要光照和遮挡光线的东西，另外，太阳会东升西落是因为地球在不停地自转。

假设： 太阳处在三个不同的高度时，我分别记录下爸爸的影子的长短，太阳越高，爸爸的影子应该就越短。

步骤：

1. 确保是个大晴天。
2. 让爸爸（或其他人）站在马路上，背对太阳，这样影子就能出现在他面前了。
3. 用粉笔勾勒出影子的大致轮廓。

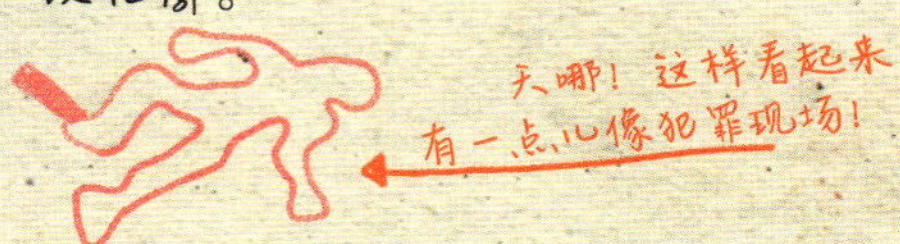

4. 定位好影子后，测量它的长度，并记录数据。
5. 当太阳变换方位时，重复上述步骤（爸爸提醒我，一定要注意安全。即使戴着太阳镜，也不能直视太阳，因为那会灼伤眼睛）。

实验材料：

- 晴天
- 粉笔
- 测量工具
- 爸爸或其他人

实验数据：

时间和太阳的高度	观察记录	爸爸的影子草图
早晨7点：太阳的高度很低，仅在东方地平线以上。	非常长的影子！！！ 6.09米长	
中午12点：太阳高高地挂在头顶上方。	很短的影子 1.27米长	
下午3点：太阳位于正头顶与西方地平线之间的位置。	不长也不短的影子 2.87米长	

结论： 我的假设是对的！太阳升得越高，爸爸的影子就越短。我觉得是因为太阳几乎就在他上方，这个角度导致了爸爸的影子比在其他时候都要短。

太阳离地平线越近，影子就越长。我能观察到一个长度几乎是自己身高3倍的影子，简直太棒了！

地球自转一周需要约24小时。

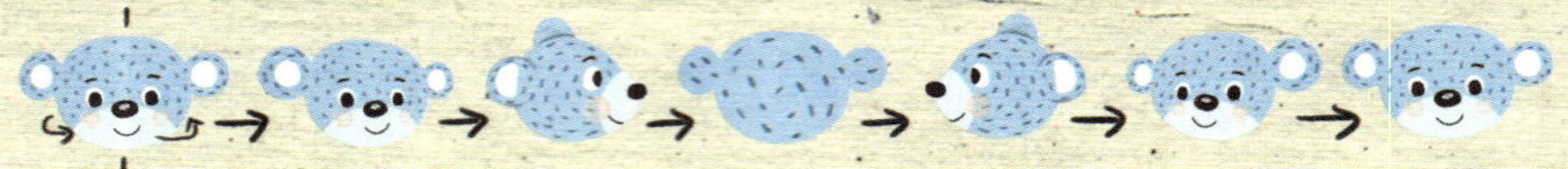

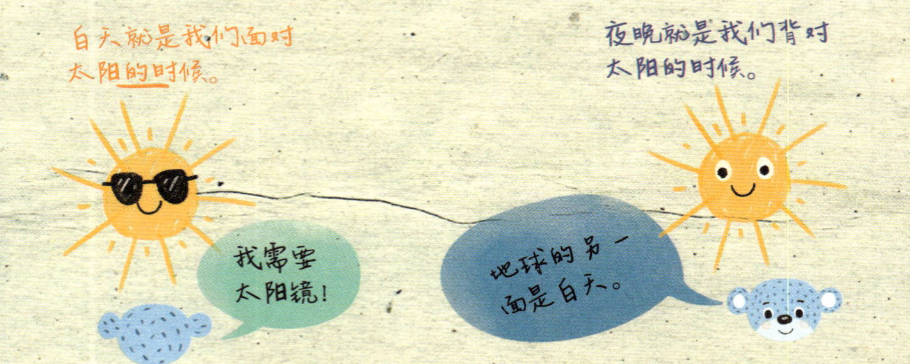

因为地球的倾斜，我们才有了四季更替。

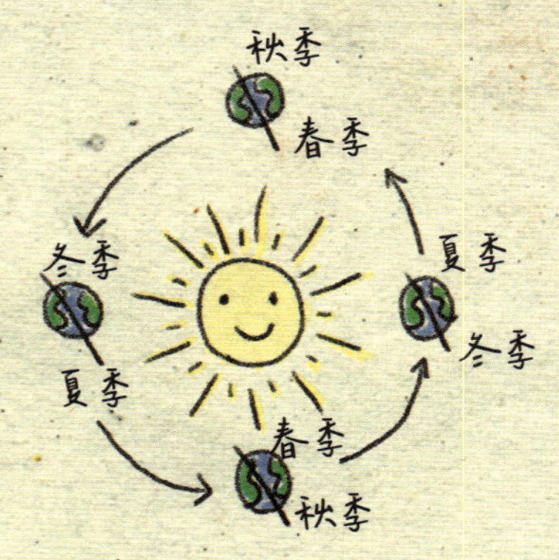

新的科学词汇

公转

地球围绕太阳的旋转。

椭圆的

地球绕太阳公转的轨道并不是正圆形。

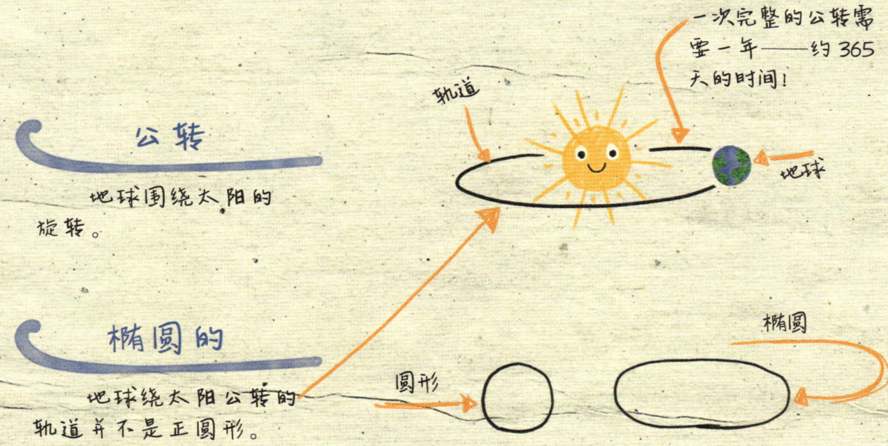

自转

天体绕着自己的轴心而转动。

轴

轮子或其他转动的机件绕着它转动或随着它转动。

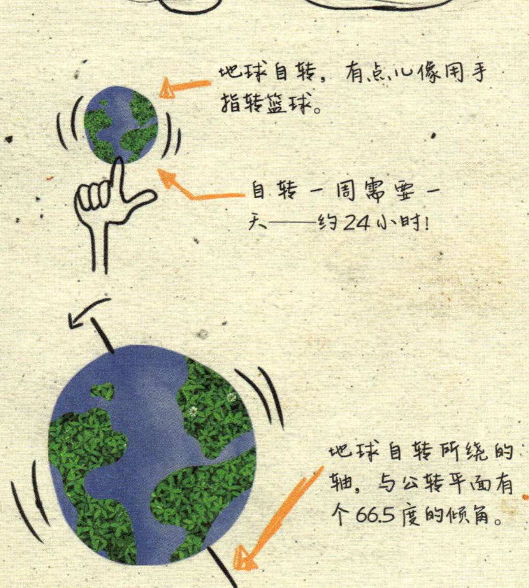

美国缅因州的弗里波特与阿拉斯加州的费尔班克斯的日出时间图，如下所示。

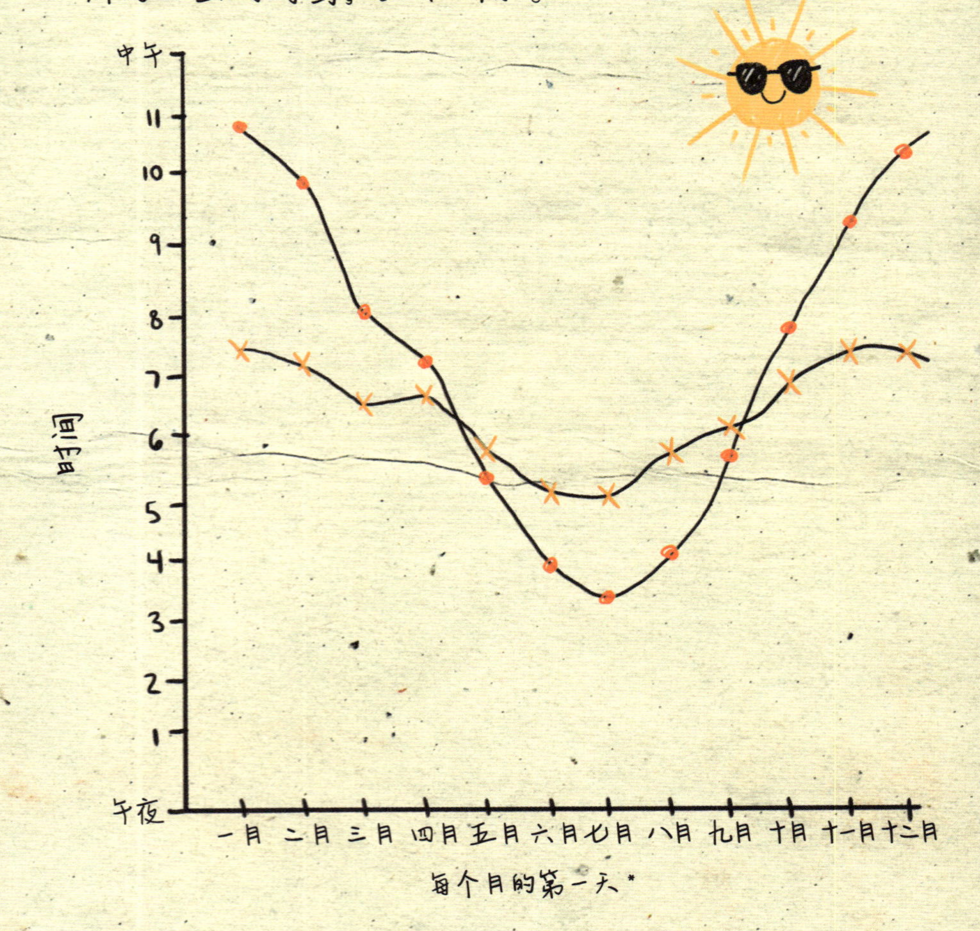

*注：表的横坐标写的是月份，但实际代表的是每个月的第一天。

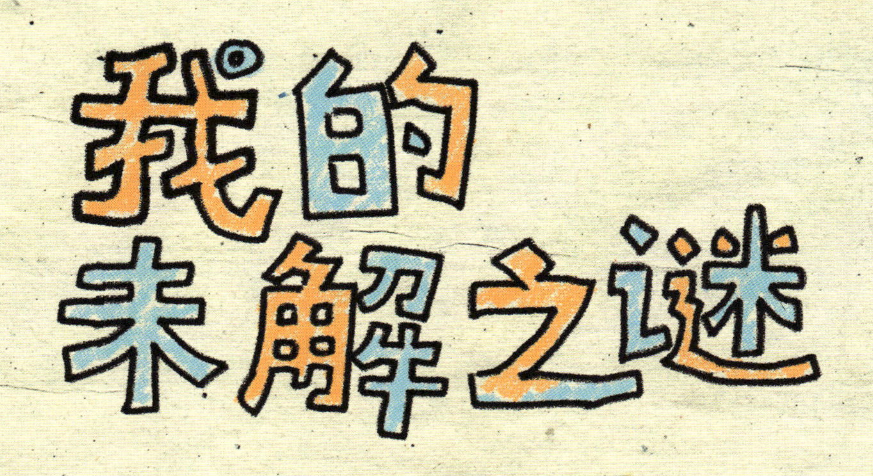

- 日晷的工作原理是什么呢？我注意到，影子的方向取决于太阳在天空中的位置。如果爸爸站在一个位置一动不动保持一整天，那么他算不算是个“人形日晷”？

- 因为地球是倾斜的，那么在地球上不同的地方，影子会不会看起来不一样？如果爸爸在阿拉斯加州，他的影子的轮廓和长度会不会跟在缅因州的不一样呢？也许以后我们会有机会去阿拉斯加州玩，那时就可以实地考证一下啦！

- 我是在8月15日测量的这些数据，如果11月15日我再测一次，那时候太阳的高度会比现在低，所以爸爸的影子会不会比现在长？

- 新的假设：对，会的！

潮汐与引力

八月的一天，温度适宜。阿卡迪亚和伊莎贝尔正在给她们搭的沙堡收尾，她们已经摆弄了一个多小时了。阿卡迪亚把一块绿色的海玻璃放在沙堡顶端的尖塔上，后退几步，欣赏着她们的作品的全貌。她示意爸爸过来："您能给我们拍张照吗？这可是整个夏天我们堆沙堡堆得最好的一次。"

"不好，海浪来啦！"看到3米外的潮水渐渐涌上来，伊莎贝尔喊道。

"不！"阿卡迪亚咕哝道，"我们本可以把它堆得更高，可我忘了海浪会把它冲垮的。"

"可只有这里的沙子是湿的，最适合堆城堡。"伊莎贝尔反驳道。

“嗯，你说得对。海浪让这里的沙子变得格外柔软。”阿卡迪亚说道。

爸爸拿出手机，示意两个女孩儿站到沙堡旁边。“你们在堆沙堡的时候就该知道，它只是暂时的。但是照片不一样，可以一直保存下来。”

伊莎贝尔和阿卡迪亚蹲在沙堡旁边，微笑着等待拍照。爸爸举着手机说道：“来，说‘月球引力’。”

阿卡迪亚咯咯地笑了起来：“我们为什么要说‘月球用力’呢？”

“小傻瓜，我说的是‘月球引力’。”

“您在说什么呀，爸爸？”

“没什么。来，现在，说‘茄子’。不，要说‘月亮茄子’。”

阿卡迪亚微笑着拍了张照后，问道：“您刚才为什么提到了月亮？”

“因为有月亮才有潮汐呀。”

阿卡迪亚抬头指向天空："在天上的月亮怎么会跟我们脚下的潮汐有关系呢？"

"虽然听起来不可思议，但确实有关系。月球对地球有引力，地球对月球同样也有引力。"

"有……什么？"阿卡迪亚问道。

"有引力。"爸爸回答道，"正是因为地球引力，月球才能沿着轨道环绕地球运行。比如说，两个物体，它们的质量越大，之间的距离越近，它们相互之间的引力就越大。"

"爸爸，用我们能听懂的话解释一下，行吗？"

伊莎贝尔插话道："啊，我知道重力。因为有重力，我们才能踩在地面上，而不是飘浮在空中。因为有重力，当我们扔出一样东西时，它才会落到地上。"

"说得对，伊莎贝尔。"爸爸说道，"因为地球的引力，我们扔出的东西都会朝着地心的方向运动。我们生活在地球表面，所以对我们来说，‘地心的方向’指的是‘下落’。”

“那这个跟潮汐有什么关系呢？”阿卡迪亚问道。

“地球和月球有点儿像两块磁铁，”伊莎贝尔向阿卡迪亚解释道，“所以，你猜，如果让这两块磁铁相互靠近，它们会不会相互拉伸？”

爸爸补充道：“对，可以把地球想象成一块大磁铁，因为它的质量比较大。”

伊莎贝尔说：“月球会拉伸地球，地球也会牵引月球，这有些像拔河比赛。但是，可怜的月球比地球轻太多了，所以虽然它一直在努力，可从来没赢过。”

“很棒的比喻，伊莎贝尔！”爸爸说道，“地球和月球互相都有引力。因为地球的引力更大，所以月球才能环绕我们运行。地球表面的海水会朝月球的方向涌动，也正是因为月球的引力。”

阿卡迪亚看看海水："等一下，爸爸，您刚才说的'涌动'是什么意思？更重要的是，伊莎贝尔，你怎么知道这么多？"

伊莎贝尔回答道："我的爷爷奶奶有一条小船，所以我们必须得了解潮汐。我知道月球的引力对地球上的海水有影响，可是我并没完全理解你爸爸刚才提到的'涌动'的意思。"

爸爸解释道："地球的引力想让海水待在原地，但是月球的引力使得海水向上涌动，这就是涨潮。月球离地球的距离越近，海水受到的引力越大；距离越远，引力就越小。地球朝向月球那一面的海水会上涨，地球另一面的海水也会上涨。"

爸爸俯下身，用手指在沙滩上画了起来。一个圆代表地球，另一个小一点儿的圆代表月球。然后，他又在地球周围画了一个椭圆，代表地球上的海水。爸爸说道："我们所在的缅因州有两次高潮，因为这里的海水经历了上涨，即高潮——地球自转时，每天大概会有两次涨潮。不涨潮的地方，就是低潮。”

“我好像明白一点儿了。可是，高潮和低潮每天出现的次数，怎么还会发生变化呢？”阿卡迪亚问道。

“因为地球和月球都在运动。月球绕着地球转，地球绕着太阳转。”

“地球自转轴的倾斜角度是 23.5 度。”

“记忆力不错。因为地球和月球都在运动，所以潮汐的次数每天会有点儿不同。比如我们这里，缅因州，一次高潮或低潮间隔的时间大约是 12.5 小时。所以，如果一次低潮出现在凌晨 2 点，那么下一次低潮的时间会在下午 2：30 左右。同样的道理，如果一次高潮出现在早上 8 点，那么下一次高潮会是……”

“等一下，下一次高潮大约在……晚上

8：30！”阿卡迪亚插话道。

“说得没错！也许我们应该再拍张照片，记录下你们俩正在进行思考的样子。这可比沙堡有意义多啦！”

“我知道您刚才为什么说‘月亮用力’了。”阿卡迪亚取笑爸爸道。

爸爸笑笑说：“好吧，虽然我没想给你们出难题，但是太阳跟这个也有关系。”

“有什么关系呢？”阿卡迪亚问道。

“伊莎贝尔，你刚才思路特别好。你能说说看吗？”

“嗯，我知道太阳非常非常大。”伊莎贝尔蹲下来，在刚才的画上又添了一个大大的、远离地球和月球的太阳，“虽然太阳离得很远，可我觉得它对地球也有引力，也是拔河比赛的一方，对海水也起作用。”

“你说对啦！”爸爸补充道，“事实上，当太阳、地球和月球排成一列时，我们就会看到最大的潮汐。”

伊莎贝尔说道：“这样就清楚啦。看来月亮在拔河比赛中势单力薄呀！”

一股海浪向阿卡迪亚的双脚袭来。“这些听起来很有意思，但现在最重要的是，海浪就要冲垮我们堆的沙堡啦！”海浪来回冲刷着沙堡，它眼看着就要塌了。

“没关系，明天是暑假的最后一天，我们正好有理由再来海边了——重新堆一个！”伊莎贝尔说道。

“所以潮汐并没那么不好，对吧？”爸爸问道。

“嗯，还行吧。”伊莎贝尔一边回答，一边挽救沙堡最上层的那块绿色的海玻璃。

阿卡迪亚抬头望了望天空，自言自语道：“继续拔河吧，月球！”

爸爸笑道：“说得没错，阿卡迪亚。”

“潮汐正给了我们痛快游泳的好机会！”阿卡迪亚和伊莎贝尔手牵着手，笑着朝海浪跑去。

潮汐

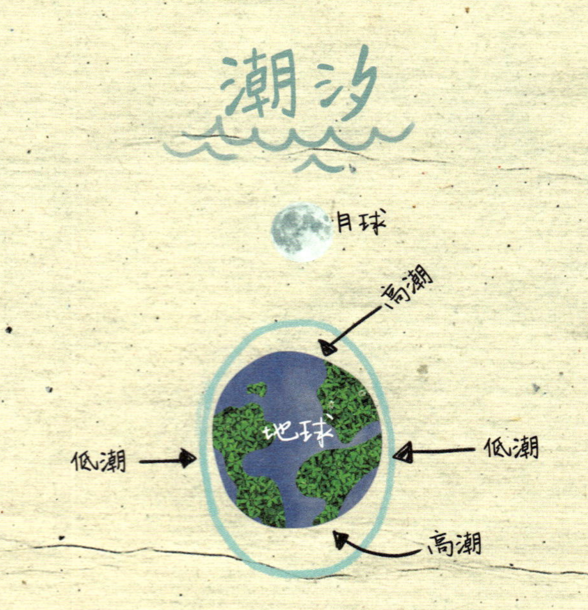

月相对潮汐也有影响！

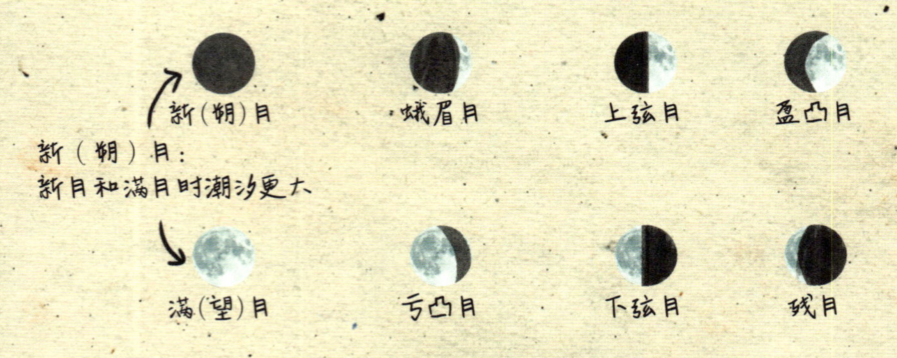

为什么新月和满月时潮汐更大呢？

新月时，月球正好在太阳和地球中间；满月时，地球正好在太阳和月球中间。这两种情况下，太阳和月球都在一条直线上，所以它们的引力共同作用在了地球的海水上。

新的科学词汇

重力

物体受到地球的吸引而受到的力。比如，苹果从树上落下，会掉到地上。

引力

任意两个物体相互吸引所产生的力，其大小取决于物体的质量以及距离的远近。

距离

太阳的质量要远远大于月球，但月球对地球上海水的影响要大于太阳，因为它离我们的距离更近。

磁力

磁体之间相互作用的力。

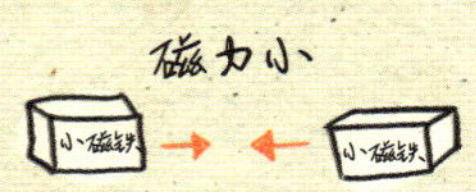

磁力大

本周希金斯海滩的潮汐记录表*

日期	高潮		低潮		月相
星期一	9:18	21:50	3:03	15:37	
星期二	10:08	22:37	3:53	16:24	
星期三	10:57	23:24	4:42	17:10	
星期四	11:46		5:32	17:57	
星期五	0:11	12:37	6:23	18:46	
星期六	1:00	13:30	7:15	19:37	
星期日	1:52	14:26	8:11	20:31	

星期四是什么情况？

星期四只有一次高潮，因为11:46离中午很近了。每次高潮和低潮的间隔时间为12.5小时左右，下次高潮的时间为第二天的0:11。

---

*注：潮汐时间以实时数据为准。本次潮汐记录表仅限于阿卡迪亚小朋友这次实验记录的数据。

- 为什么世界上大多数地方每天都有2次高潮，但有些地方却只有1次？

- 为什么有的行星有很多卫星，有的却没有？比如，地球只有一个卫星。如果我们不止月球一个卫星，潮汐会是什么样子的呢？

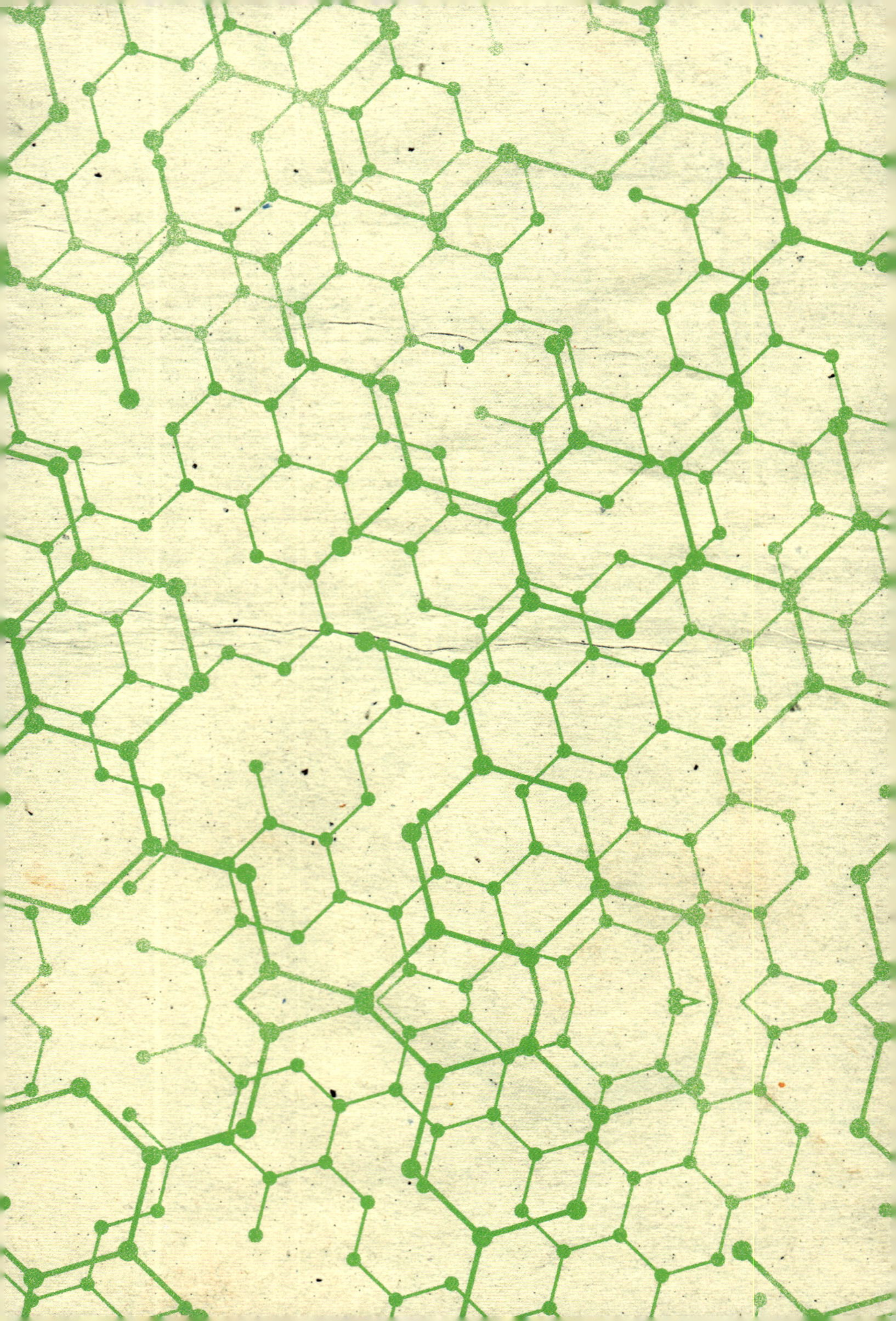

致谢

非常感激乔纳森 · 伊顿以及蒂尔伯里出版社的工作人员对这本书给予的信任。感谢霍莉 · 哈特姆绘制的阿卡迪亚精心记录的笔记。

认识他的人，都能在这本书的故事中看到他，我的丈夫——安德鲁。从初稿到最后的定稿，他一直在给我反馈，并提供建议。谢谢你对我，以及一直以来给予全家人的支持。

感谢我的读者，安德鲁 · 麦卡洛、琳赛 · 科珀斯和佩吉 · 贝克斯福特。你们每个人都有着独特的视角，让这本书变得更好。同样，感谢我的小读者格丽塔 · 霍姆斯、西尔维娅 · 霍姆斯、伊莎贝尔 · 卡尔、艾莉森 · 斯玛特和格蕾塔 · 尼曼，谢谢你们真诚的（当然也很有趣的）

反馈。此外，还要感谢法尔茅斯中学的我的那些学生们。在我写这本书时，你们曾经问过的问题一直萦绕在我脑海中，这也是“阿卡迪亚的好奇记事本”系列的创作源泉。

最后，真诚感谢为这本书的科学内容提供编辑和校对工作的同事——安德鲁·麦卡洛、格兰特·特伦布莱、爱丽丝·特伦布莱、萨拉·道森、伊莱·威尔逊、简·巴伯以及伯思特·海因里希，你们各司其职，无可替代。本书凝聚了许多人的智慧和想法，单凭我一己之力是万万做不到的。

凯蒂·科珀斯与丈夫和两个孩子生活在美国缅因州。她是一名中学老师，教授艺术和科学，获奖无数。她的丈夫是名高中生物老师，结婚生子后，夫妻俩专注培养孩子的同理心、好奇心和创新意识。这本书的很多灵感正是来源于此。凯蒂的著作包括美国国家科学教授协会（National Science Teachers Association，NSTA）的教师指南——《科学中的创造性写作：激发灵感的活动》。

霍莉·哈特姆是儿童图书的插画家和图像设计师。她喜欢将线条、摄影和质地融合在一起，创作出极富活力与个性的插图。她绘制过插画的图书包括《什么是重要的》（曾获桑瓦儿童奖）、《亲爱的女孩儿，大树之歌》以及“创造者马克辛”系列。

在最后的最后，作为“阿卡迪亚的好奇记事本”在中国的出版方，我们还要感谢在百忙之中抽时间进行审读的老师们——热爱探索自然的生物老师姜泽和地理老师陈丽娟，还有假装自己是一个分子的物理老师刘畅。他们为这套书提供了专业的理论指导和帮助。

阿卡迪亚的
好奇记事本
秋天的探索者

[美] 凯蒂·科珀斯 著
[加] 霍莉·哈特姆 绘
高晴 译

童趣出版有限公司编译　人民邮电出版社出版
北　京

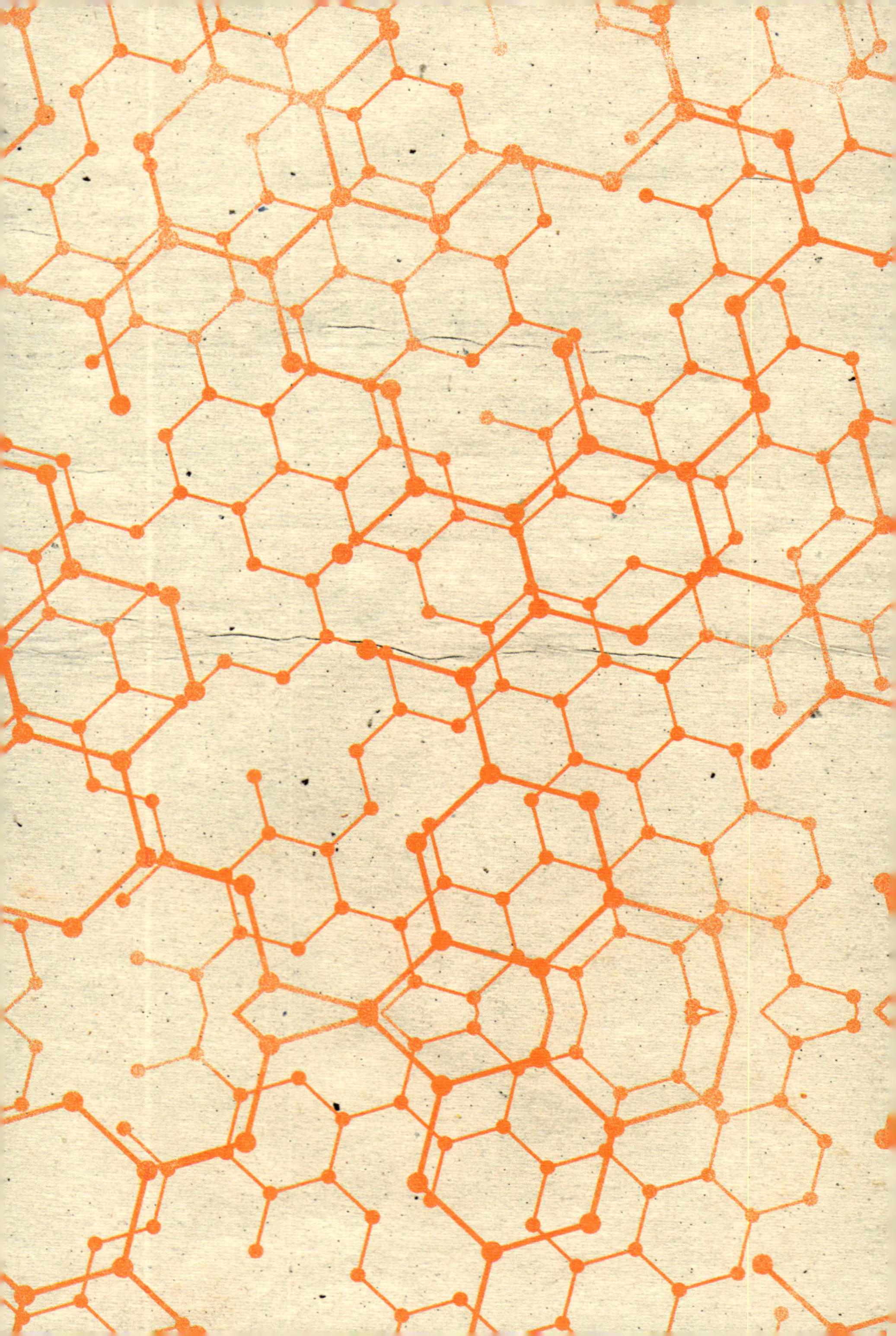

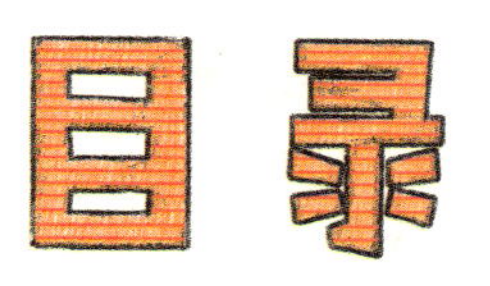

去看你所看到的，去思考是什么让宇宙得以存在。是好奇。

——史蒂芬·霍金

想法
阿卡迪亚的科学笔记
植物细胞
蒸发

科学的笨办法

提出问题

做一些调查研究

提出假设

检验自己的假设

发现结果，验证假设

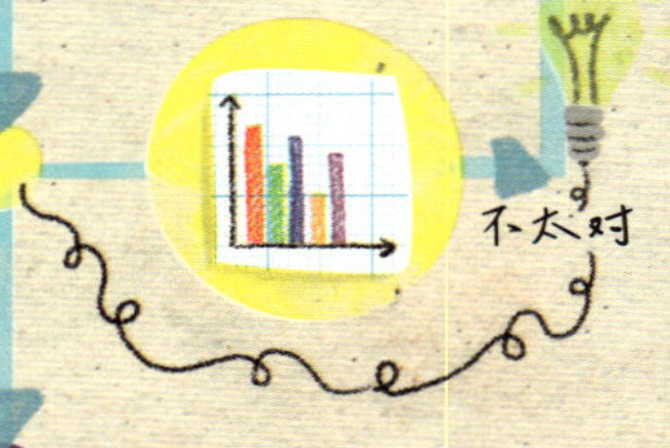

继续观察、研究

得出书面结论

优+

和别人一起探讨你的结论！

青蛙池塘

一天下午，阿卡迪亚、伊莎贝尔，当然还有阿卡迪亚的妈妈，三个人一起走在僻静的林中小路上——来这里遛狗，可真是个不错的选择！

阿卡迪亚牵着金毛猎犬巴克斯特走在前面。小家伙这里闻闻、那里嗅嗅，大家不发一言，但都觉得惬意极了。

"汪汪！"一只小鸟倏地飞下高枝，从巴克斯特的眼前掠过，引得巴克斯特猛地狂叫。"巴克斯特！快回来！"阿卡迪亚大声呼喊。真让人无奈，一看见小鸟，巴克斯特就跟疯了似的，不顾一切地追着跑。它脖子上的绳子，也早已滑出了阿卡迪亚的手心。没办法，谁让小鸟是巴克斯特"最喜欢的敌人"呢！

当然，最喜欢的敌人，自然是永远也追不上、抓不到的。没过多久，巴克斯特主动放慢了脚步，大家都松了口气。但是，紧接着——巴克斯特又闻到了它第二喜欢的东西——水！

“汪汪汪！”巴克斯特兴奋地冲到了前面。

“巴克斯特！”“巴克斯特！”阿卡迪亚、伊莎贝尔和阿卡迪亚的妈妈在后面追啊追。

她们像一阵风一样，一路吹过林中的枫树、桦树、橡树……直到在小路尽头，眼看就要追上疯狂的巴克斯特时——“扑通！”巴克斯特已经一跃而入，跳进了那满是香蒲和睡莲的绿泥塘！

阿卡迪亚的妈妈站在池塘边冲着水里黑亮亮的小脑袋，拍着手高声喊：“巴克斯特！乖狗狗，快到我这儿来！”

“你这只贪玩的狗狗，赶紧给我过来！”阿卡迪亚踮着脚站在池塘边缘，也忍不住发出一声怒吼。

但是，此时此刻，巴克斯特在水里游得正欢呢！是的，它大概什么也没听见。

巴克斯特离岸边越来越远，在水里扑腾得那么自在，任谁也不忍心再扯着嗓子喊它了。阿卡迪亚站在岸边看得出了神。突然，她眼角的余光看到一个轻盈的绿色身影一闪而过，跳进高高的草丛。

“哇，有一只青蛙！”她对身后的伊莎贝尔喊道，“你愿意和我一起抓住那只青蛙吗，伊莎贝尔？巴克斯特估计还得再玩一会儿呢，快来！”

“姑娘们，等一下。”阿卡迪亚的妈妈在岸边坐了下来，一边脱鞋子，一边对她们说，“抓青蛙的话，我们可没带网。”

“哈哈，我不需要网，”伊莎贝尔笑着回应，“我用手就能抓！”

“我相信你可以，但是——”阿卡迪亚的妈

妈已经卷起了裤腿，“你还是得用网。”

“为什么？”阿卡迪亚也搞不明白了。

“很简单。因为你们不能直接用手接触青蛙。”

伊莎贝尔低下头去，盯着自己的双手，问道：“为什么？”

“因为青蛙会用它们的皮肤呼吸。”阿卡迪亚的妈妈耐心地跟两个女孩儿解释，“我们出门之前，手上都抹过防蚊驱虫剂，还记得吗？残留在你们手上的一些化学物质，有可能通过接触直接进入青蛙的身体。”

“等等，”阿卡迪亚一脸不解，“真的假的？我们可不是通过皮肤呼吸的，对吧？”

“当然不是，”伊莎贝尔微笑着回应好朋友，“空气是通过我们的嘴巴，或者鼻孔进入……”

“进入肺。”阿卡迪亚不假思索地点点头，“这个我知道。我的意思是，那……难道青蛙没有肺吗？”她看向妈妈。

妈妈已经小心翼翼地下到水里了。“有的，”她回应阿卡迪亚，“青蛙有肺，也通过鼻孔呼吸。但是，青蛙也能直接通过皮肤上的气孔吸取氧气。”

阿卡迪亚听完，望着自己裸露在外的胳膊，眼睛睁得又圆又大。“太奇怪了，太奇怪了！想象一下吧，如果我们也能用皮肤呼吸的话，等等！”突然，阿卡迪亚又想到什么，冲站在水里的妈妈大喊，“那我们又为什么需要空气呢？”

妈妈已经走到水能没过膝盖的地方了，她正努力地吹着口哨，召唤玩疯了的巴克斯特。“氧气会从你的肺进入血液！”妈妈头也不回地回答。

“那又是为什么呢？！”阿卡迪亚跟着喊。不用想她也知道，妈妈是很愿意跟她们聊这些东西的，谁让妈妈就是个科学老师呢！不过，她更明白妈妈现在有多忙——瞧，她终于引起了巴克斯特的注意。

“姑娘们，”妈妈盯着巴克斯特，无奈地扬起眉，“咱们非得这会儿聊这些吗？”

“嗯嗯。”岸上的两个姑娘同时像小鸡啄米似的点着头。

“好吧，”妈妈叹了口气，“既然你们这么好奇，我当然是很高兴讲的。嗯，为什么呢？你们的动脉负责将血液从心脏运输到身体的各个角落；而血液呢，负责把氧气从肺部传送到各个细胞。”

“细胞是什么东西？”阿卡迪亚打破砂锅问到底。

妈妈告诉她：“细胞，是‘生命活动的基本单位’。在你的身体里，就有几十万亿个细胞不停地工作着，它们各有分工。这么说吧，所有活着的生物都离不开细胞。”

阿卡迪亚指向池塘：“那这些睡莲都有细胞？”

妈妈点点头。

“那水呢？水有细胞吗？”阿卡迪亚看着池塘，想象着水从天上像雨一样降落下来，或者在家拧开水龙头时的情景，“哦，等等，我知道了，水没有细胞！因为水不算生物。不过，水里面倒是有活着的水藻，还有……巴克斯特！”

阿卡迪亚的妈妈摇摇头：“是啊，还有巴克斯特。来吧，姑娘们，现在让我们一起把巴克斯特给叫上岸来！让我们一起喊‘巴克斯特，回来’。”

“巴克斯特，回来！”

巴克斯特终于“听见”了。它越游越近，越游越近，一上岸就稀里哗啦地甩动身子，甩了阿

卡迪亚、伊莎贝尔和妈妈三个可怜人一身又臭又绿的稀泥巴！！

“巴克斯特！哎呀，好恶心！”阿卡迪亚发出绝望的尖叫。

看着落到手臂上黏糊糊、湿漉漉的水藻，伊莎贝尔嫌弃地龇牙咧嘴：“幸亏我不是用皮肤呼吸的！”

“哈哈哈哈！”阿卡迪亚一边擦着脸上的污泥，一边忍不住大笑，“我也是！”

等阿卡迪亚再看向池塘时，这回，她注意到了一些刚才没发现的东西——几只漂在水面上的空瓶子，一个挂在香蒲上的塑料袋。

意识到这些新的“变化”，阿卡迪亚有些吃惊。要知道，她过去每次来这个池塘，都能见到颜色鲜艳的蜻蜓，能听到许多青蛙的集体“合唱”。她是多么喜欢听青蛙唱歌呀，每次听它们呱呱地叫，阿卡迪亚都忍不住想象它们在唱什么、聊什么。但是，今天，阿卡迪亚听到的只有风吹过树叶发出的窸窣声响。

再凑近些看，阿卡迪亚能看到香蒲丛中还挂着别的垃圾。

“如果青蛙能通过皮肤呼吸，那这些污染，不是对它们很不好吗？！”

“谁说不是呢。”妈妈叹了口气。

“那青蛙会不会因此而死呢？”阿卡迪亚紧张地问。

“青蛙是非常容易受伤的。它们会通过皮肤吸收有害物质，更何况，它们是在水里产卵的。因为青蛙是两栖动物，既能生活在水里，也能生活在陆地上。所以，科学家可以通过青蛙来了解周围生态环境的质量情况。如果青蛙是健康的，表明这里的空气和水都是比较干净的；相反，如果一个地方的青蛙数量不断减少，那很有可能说明这里的环境污染非常严重。”

“哦，”阿卡迪亚脱口而出，“这里就是！我今天就见到一只青蛙，过去这里可多了！”

伊莎贝尔补充说：“没错，这里的青蛙真的少了好多。”

“虽然我不能直接碰青蛙，但是，”阿卡迪亚说着，伸出手，从附近的香蒲上小心地摘下塑料袋，“我可以捡垃圾，就用这只塑料袋装垃圾。嗯……”阿卡迪亚又看了一眼池塘，望向妈妈，“我们能再带个大一些的垃圾袋回来，把这里的垃圾全捡完吗？”

“当然。”妈妈告诉阿卡迪亚。

“这些垃圾是怎么跑到这里来的呢？”伊莎贝尔边捡边问。

阿卡迪亚的妈妈回答道：“一开始这里是干干净净的，但是有第一个人在这里丢了一只瓶子；接着，就有第二个人做了同样的事……等你发现的时候，池塘就已经不知不觉地变成这个样子了。”

“我觉得，如果路上或者池塘边，能有一个垃圾桶的话，是不是就会好很多？”阿卡迪亚建议道。

“同意！我也觉得。”伊莎贝尔表示赞同。

阿卡迪亚接着说道：“那该怎么做呢？我们是不是得给管理这个地方的人写封信，告诉他们关于这些垃圾的事情？哦，我们可以拍一些照片，写信告诉他们关于青蛙的情况！我猜，他们一定不知道青蛙会用皮肤呼吸，也想不到这里的水都被污染成这样了。您说他们会听我们的吗？”

妈妈的脸上露出了鼓励的微笑。“会的，我想他们会听的。如果他们不愿意的话……”

“那我们就一直说，一直写，直到他们愿意听为止！”阿卡迪亚抿紧了嘴巴，同时迅速地弯下腰，又捡起了一只被捏扁了的易拉罐。

“汪汪汪汪！”

就在这时，巴克斯特又发出一阵叫声——嘿，小家伙又想回水里玩了！

“至于现在嘛，”妈妈拉紧了巴克斯特，“我想咱们还是赶紧带巴克斯特离开吧。青蛙也好，小鸟也好，都会很感激我们的，哈哈！”

“还有我！”阿卡迪亚笑着，攥紧了手里鼓鼓囊囊的垃圾袋，跟着大家一起回到了林中的小路上。

扭过头，再看一眼这片恢复宁静的可爱的池塘，阿卡迪亚默默地下了决心：一定要努力做些什么，帮助这些青蛙更好地生活！

第一次“环保之旅”过后，阿卡迪亚、伊莎贝尔和阿卡迪亚的妈妈，三个人又一起去过两次青蛙池塘——收集垃圾和拍照片做记录。最后，阿卡迪亚将这些信息整理出来，写了一封长长的信。

亲爱的叔叔阿姨，

你们好！

我写这封信的目的，是想为青蛙池塘申请一个公共垃圾桶。

事情是这样的。几周以前，我和妈妈还有一个好朋友，一起去青蛙池塘遛狗，结果，在那里发现了非常多的垃圾！后来，我们又去了两次，去清理垃圾——每次都捡不完！小到薯片包装袋，大到一把椅子（没错，一把椅子）！这里的垃圾可真是五花八门。为了能更清楚地展示那里的污染程度，我拍了清理前和清理后的现场照片（随信附上）。

我不知道你们以前去没去过青蛙池塘，但我发誓，那里以前真的很美很美。那时候，如果你站在池塘边，你能听到青蛙们美妙的大合唱，能看到不同颜色的蜻蜓在水面上飞来飞去——就像在童话世界里一样！可是不知不觉，一切都变了。即便是在好天气的时候，在池塘边也很难再发现青蛙的身影了。这可不是一个好兆头。我刚学习到，青蛙是一种很特别的动物，它们可以被当成“环境质量监测器”，通过它们的数量的多少，可以判断一个地方生态环境的好坏。原因很简单，因为青蛙可以通过皮肤呼吸！另外，它们总是将卵直接产在水里，所以——青蛙真的很容易受到伤害。

总之，在池塘边放置一个公共垃圾桶，就可以解决一部分环境污染的问题。一个垃圾桶可能很小，但它带来的作用和帮助可以很大。至少，人们会意识到，自己的行为也许可以拯救一只青蛙的生命。

感谢你们的耐心阅读！

此致

敬礼

阿卡迪亚·格林

一个10岁的本地居民

青蛙池塘大发现

时间	拾获垃圾
第1次	*4只塑料瓶 *4个塑料袋 *4张口香糖包装纸 *3个塑料瓶盖 *3只易拉罐（铝罐） *3个带吸管的外带咖啡杯 *1只玻璃瓶 *1张能量棒包装纸 *1个三明治包装袋
第2次	*2只塑料瓶 *2个小份薯片包装袋 *1辆迷你玩具汽车（我猜是谁不小心丢的） *1只易拉罐
第3次	*2只塑料杯（1只里面还有液体，1只是空的） *1个塑料袋 *1根塑料吸管 *1只塑料瓶 *1把椅子（没错，椅子！）

清理前：

清理后：

这里怎么会有一把椅子呢?

青蛙，你好酷！

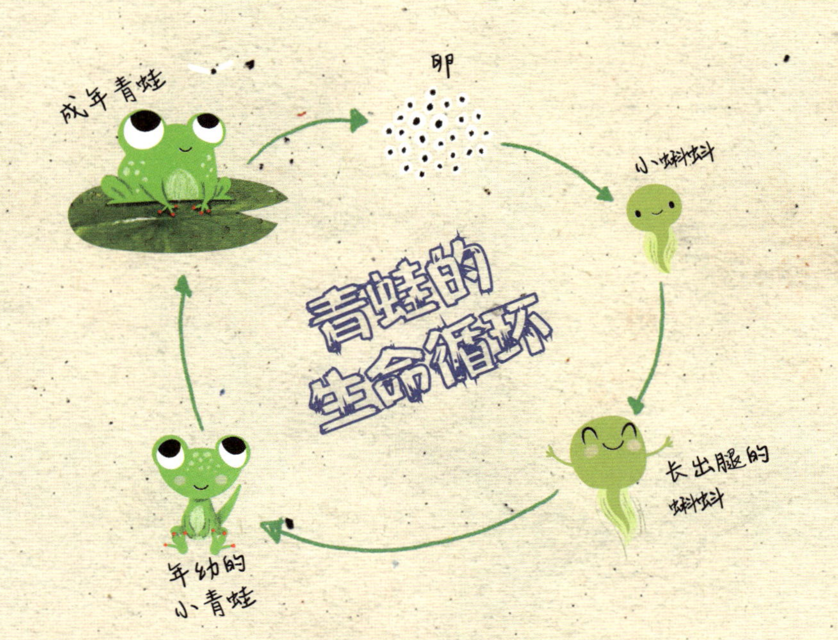

新的科学词汇

环境指标

表征环境质量的物理、化学、生物学和生态学的参数。比如，青蛙的数量、水的温度等等。

非生物因素

环境中那些无生命的组成部分，称为非生物因素。

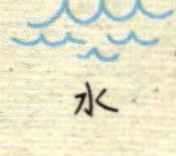

生物因素

环境中那些有生命的组成部分，称为生物因素。

生物

自然界中所有具有生长、发育、繁殖等功能的物体。

细胞

生物结构和功能的基本单位，有运动、营养、繁殖等功能。

自然界中有单细胞生物

也有

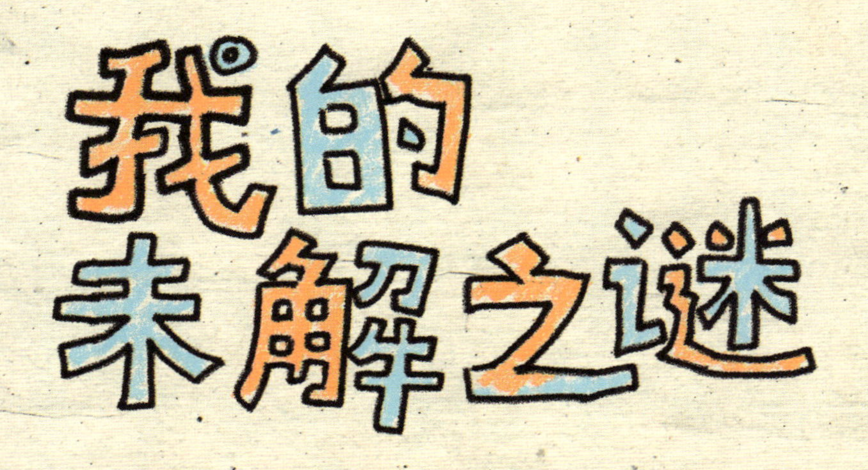

- 如果人们看到地上已经有垃圾，他们会不会更容易往地上扔垃圾？他们是否会觉得，既然已经有人扔过，我扔也没关系？

- 如果永远没有人来清理这些垃圾，青蛙池塘会变成什么样子呢？

- 如果一处生态环境被污染的程度非常非常严重，会造成什么后果？

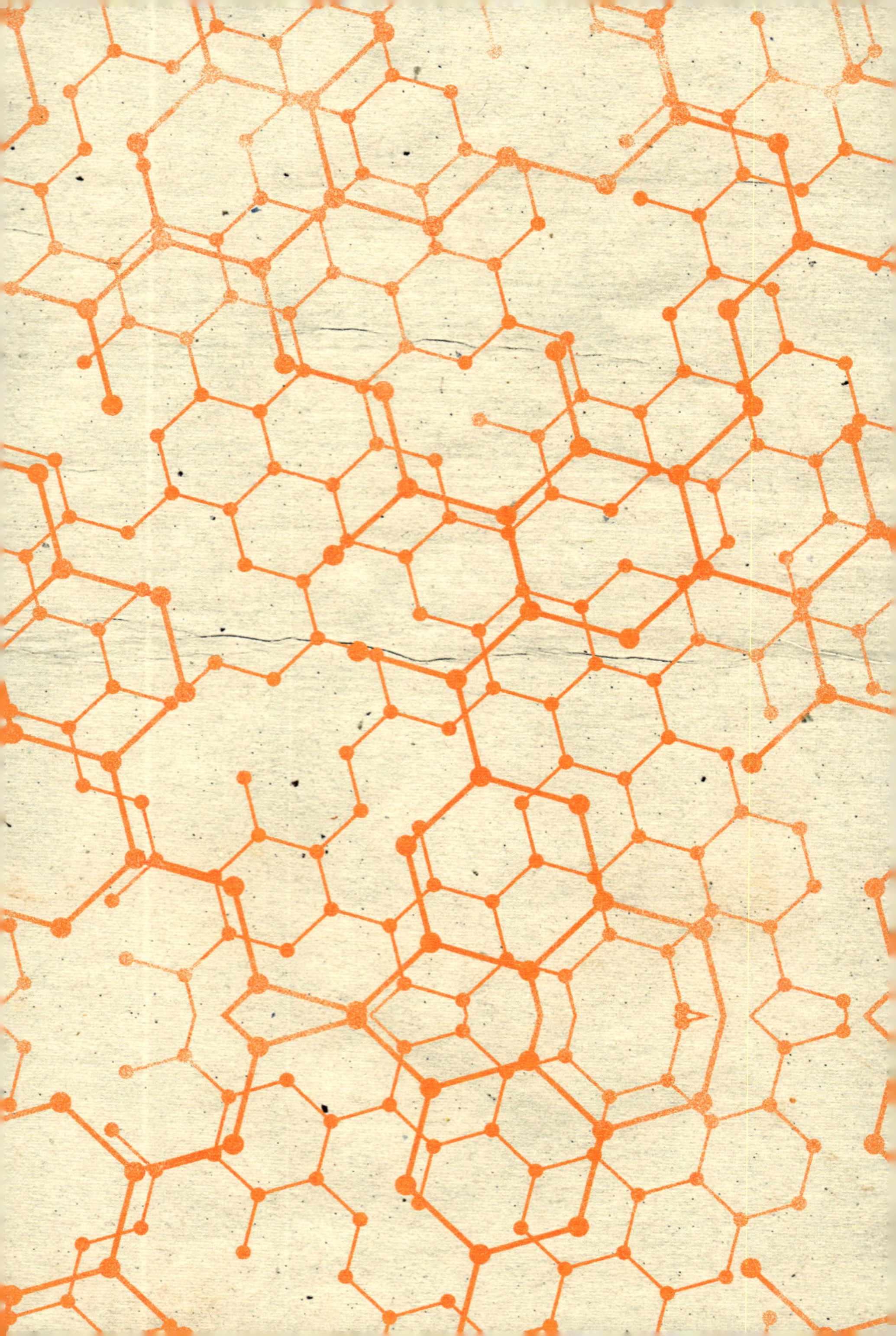

为什么叶子会变色

在光秃秃的大枫树底下，阿卡迪亚抬头看看，又低头瞧瞧——脚边一地扎染般的颜色令她若有所思：红的、黄的、橙的、棕的、绿的……大枫树的落叶层层叠叠。哎呀，这时候最适合玩跳树叶堆的游戏了！

说干就干，阿卡迪亚找来耙子，把落叶堆成高高的一垛，好让她全力冲刺，一下子把自己扔进这“咔嚓咔嚓”响的“落叶大厚垫子”——哈哈，得有多好玩儿哪！

突然，约书亚的声音从围墙那边传来：“我能跳你这个树叶堆吗？”

“等我堆得够高了我就跳。”阿卡迪亚头也不抬地继续忙碌着。即便每次都把耙子小心翼翼地压近树叶堆，可还是有不少淘气的叶子从耙齿间“逃脱”。

“我来帮你吧，待会儿也让我一起玩，好吗？”约书亚说着，从篱笆围墙那边跳了过来。

“我就要弄完了。”阿卡迪亚不假思索地冷冷拒绝。这时，她突然想到，最近这些日子，约书亚的确变了很多——当然，是变“好”了很多。于是，阿卡迪亚又改口补充道：“那你得答应我，一会儿跳完了帮我把叶子装进口袋。那样我就让你跟在我后面跳。”

“行。”约书亚迅速地将一堆落叶小心地添到树叶堆顶上。这下，树叶堆显得足够高了。

阿卡迪亚满意地放下耙子，就在这时，“汪汪汪！”一阵犬吠打破了院子里的宁静。阿卡迪亚的心倏地紧张起来——巴克斯特冲了过来！

“不！！！”阿卡迪亚发出一声尖锐的“惨叫”，“巴克斯特！”

但，为时已晚——一路追着小鸟飞奔而来的巴克斯特已经率先体验了跳树叶堆的乐趣。现在，小鸟也被抛在脑后了，巴克斯特干脆在树叶堆里快乐地打起滚儿来。阿卡迪亚辛辛苦苦堆起来的落叶散得到处都是。

阿卡迪亚的肩膀耷拉了下来，一脸挫败。

“呃……看来巴克斯特也喜欢这么玩。”约书亚说完，转身走进了堆放工具等杂物的车库。等他出来时，阿卡迪亚惊讶地看着他手里也拿了一把耙子，然后瞧着他开始重新堆落叶。

事实上，阿卡迪亚更惊讶于自己态度的转变——约书亚堆得又快又好，没一会儿，就堆出了一垛比刚才更高更棒的树叶堆来——现在，阿卡迪亚对约书亚简直既感激又崇拜。

“好吧，你先来。”阿卡迪亚示意约书亚先跳，自己排在后面。

“真的？！”约书亚一脸不可置信。

“真的，跳吧！”

于是，约书亚把耙子放到一边，后退几步——助跑、加速、瞄准——跳！

“哇！”约书亚静静地在树叶堆里躺了一会儿，很快又爬起身，小心地踩出来。“等等，我再帮你堆一堆，堆得更高一点儿。”他一边动手，一边对在另一头等待的阿卡迪亚说。

终于等到把自己扔进松软如枕头一般的树叶堆里时，阿卡迪亚的小脸上已经抑制不住地溢满了幸福的笑。她心满意足地伸展四肢仰躺在树叶堆上，不同颜色的落叶散落在她金色的卷发上，支撑在她的身下——落叶几乎要和她融为一体了。“我爱秋天。”阿卡迪亚满足地深呼了一口气，望着高高的蓝天，发出由衷的感叹。“你说，秋天之所以叫‘秋天’，是不是因为这时候树叶都像荡秋千一样，在树上荡啊荡的，然后落了下来？”

“我不知道。也许吧。不过，树叶为什么会落下来呢？”约书亚问。

“嗯……你现在已经四年级了，放心，你们很快就会学到了。”阿卡迪亚现在五年级，比约书亚高一年级，她耐心地向“学弟”解释道，“天冷的时候呢，树也会打个盹儿，睡上一觉，身上没有树叶，树会更容易活过寒冬。不过，树也分不同的种类：有的叶子大大的，叫阔叶树，每年都会落叶，比如枫树、橡树；还有的身上带针或球果的，叫针叶树，它们是常绿树，比如松树。常绿——就是常常，不对，是一直都是绿的！明白了吗？”

“等一下。你是说，松树的针……也是一种叶子？？”

“一开始我也觉得不可思议。不过，它们的确是一种叶子。像松树、云杉、冷杉等，它们的叶子都是针状的。”

“哇，有意思。”约书亚感叹道。他举起一片橙黄相间的枫树叶凑到眼前：“你知道的可真多。但你能告诉我，为什么叶子到了秋天会变颜色吗？”

“当然，我可以告诉你。”阿卡迪亚爽快地回答，“虽然你今年一定会在科学课上学这些，但我可以提前教你。到时候，你就可以表现得像个学霸一样，让同学们对你刮目相看。”阿卡迪亚朝约书亚调皮地一笑，接着严肃地解释起来，“这些颜色，比如你看到的橙色、黄色、棕色等等，其实……一直都在。就是说，叶子本来就有这些颜色，只不过我们平常只能看到叶绿素的绿色。”

“叶……叶什么？”约书亚问。

“叶绿素。它是植物体中的绿色物质，能通过吸收太阳能，参与光合作用。到了秋天的时候，阳光越来越少、越来越弱，天也越来越冷，叶绿素渐渐消失，这时候，叶子的其他颜色就显现出来了。它们一直都在，只是藏起来了。”

约书亚听得目瞪口呆。他举起一片红色的落叶，睁大眼睛瞧着它，一脸不可思议：“原来，这些颜色一直都藏在树叶里面？”

“呃，那就怪叶绿素好啦，就是它让其他的颜色藏起来了。现在这些颜色都有机会出来了，我们不是什么都看见啦？”阿卡迪亚笑着说。

“嗯……我也有一点儿像树叶。”约书亚喃喃自语道。

“什么？那是什么意思？”

“有时候我……算了，没什么。”约书亚又一次低下头，默默地踩着脚边的落叶，不吭声了。

阿卡迪亚看着他，语气温柔了下来：“约书亚，你想说什么呢？”

“没什么，我只是……呃……我……哎呀，你把现在最重要的事情忘了——跳啊！快接着跳树叶堆，哈哈！”约书亚大笑着跳了进去。

“哈哈，没错！”阿卡迪亚紧跟着跳进树叶堆，挨着约书亚坐了下来。

“哎，”约书亚又捡起一片叶子，仔仔细细地看着，感慨道，“真不敢相信，真不敢相信！这些颜色竟然一直都藏在叶子里！”

阿卡迪亚也默默地想：原来，一片谁看上去都觉得普普通通的树叶，里面是这么与众不同呢！她又静静地看向身旁的伙伴，回想起这些日子以来他的变化，忍不住开口：“约书亚，你刚才说，你觉得自己就像一片树叶。是不是想说，其实你的内心是很善良的，只是很多人看不到你的好？”

约书亚安静地回应：“算是吧。其实，很多人并不了解真正的我。”

“你知道吗？”阿卡迪亚说，“有时候，我觉得你的嘴巴就是你的保护色。”

“什么意思？”

“就是某种帮助植物或者动物，在某个环境里生存下来的本事。比如，小鸟能隐藏在树里、能飞得那么快，所以巴克斯特总也抓不到它们。”

约书亚听完点点头：“很多小孩儿捉弄我、笑话我，嘲笑我个子矮。后来，为了不让他们攻击我，我就先说一些难听的话把他们吓跑。”他撇撇嘴继续说，“也许你是对的。我这张嘴巴就是为了帮助我生存下来，才进化成这么讨人厌的吧。无所谓了，反正也没人喜欢我。”

“我呀，我喜欢。我们是朋友。”阿卡迪亚说。

“不，我不是你的朋友。”

“是，你就是。”阿卡迪亚正色道，“约书亚，你只要做真实的自己，一定会有人喜欢你的。”

约书亚的脸开始红了，他清了清嗓子问：“你想不想待会儿一起去踢足球？我是说，等我们把这些落叶清理完了，我来当守门员。”

“好哇！但是，为了在球场上生存下来，你待会儿需要更多的保护色，光靠大嘴巴可不管用哟！”阿卡迪亚说完，大笑着在树叶堆上奋力一跳，补充道，“在自然界，只有能最快最好适应环境变化的物种，才能生存下来。”

“什么意思？”

“简单地说，就是——”阿卡迪亚冲约书亚“挑衅”地一笑，“待会儿上场，你一定是我的手下败将！”

“哈哈，咱们走着瞧！”

“走着瞧！”

两个人说着笑着，把全部的落叶装进了大

口袋。

那天晚些时候，阿卡迪亚总是想起像树叶一样的约书亚——一个把真实的、友好的自己藏在心里面，外表却装作很讨人厌的人。

阿卡迪亚从口袋里拣出了一些颜色不同的落叶，将它们按颜色排列开来。想着约书亚说的那些话，阿卡迪亚用树叶制作了一件漂亮的艺术作品。就是这样，她将这件“引人深思”的作品拍成照片，贴在了她的科学笔记里。

我最喜欢的阔叶植物

我最喜欢的针叶植物

新的科学词汇

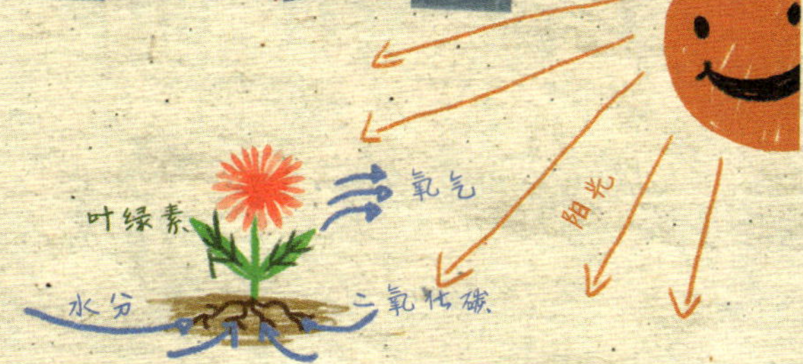

光合作用

绿色植物吸收光能，把二氧化碳和水合成有机物，同时释放氧气的过程。

叶绿素

植物体中的绿色物质，是一种复杂的有机酸。植物利用叶绿素进行光合作用制造养料。

叶子、针（叶）、草、藻等都含有叶绿素。

自养生物

利用太阳能将无机物合成有机物满足自身营养需要的生物。

花草等植物都能自己制造食物。

异养生物

从降解其他生物合成的有机物质中获得能量以维持生命的生物，比如——我！

兔子和羊就得靠吃别的生物存活。

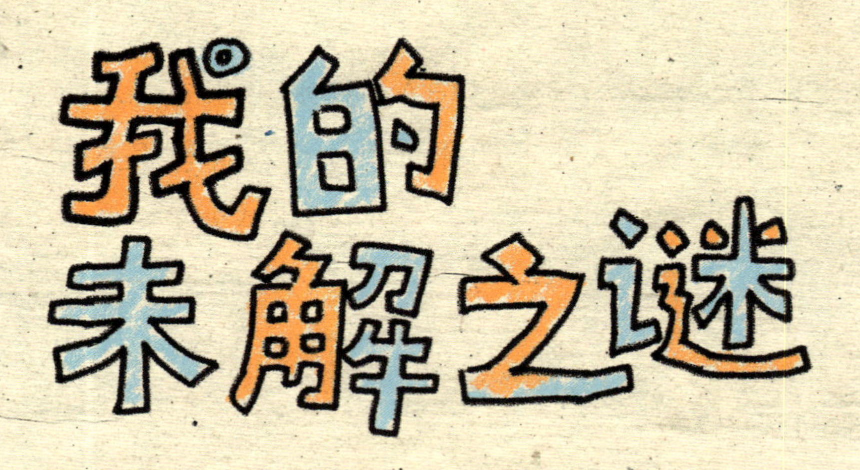

人们会因为什么改变自己的行为？

恐龙尿的滋味

对阿卡迪亚来说，跳树叶堆和过万圣节都充满了吸引力，但她最爱的秋季活动无疑还是——踢足球！更别提今年，阿卡迪亚和好朋友伊莎贝尔还在同一支球队。为了让这一切更有意义，两个女孩儿还开始了一项传统活动：如果周六早上有比赛，从周五晚上起，她们就会聚在一起。

“阿卡迪亚，别忘了带你的护腿。”妈妈提醒打包行李准备出发的阿卡迪亚。

“还有雨衣。”爸爸一边切着橙子，帮阿卡迪亚准备比赛休息时的小食，一边小声咕哝。

“啊，我讨厌下雨！我敢说，我们队明天能有一半人来就不错了。”想到雨天，阿卡迪亚感到一阵烦躁。

“放心吧，明天可是一决胜负的季后赛，她们肯定得来。”伊莎贝尔自信地说。

爸爸切到最后一颗橙子的时候，电话铃突然响了起来！

“喂，你好。”阿卡迪亚的妈妈拿起了电话，“什么，淹了？！好吧，对，伊莎贝尔也在我家，我会转告她的家人的。谢谢你告诉我们，再见。”

“千万别跟我说我猜对了……”妈妈刚放下电话，阿卡迪亚就一脸哀怨地看着她。

“恐怕是这样的。”妈妈无奈地看着女孩儿们，解释道：“教练打电话来通知比赛取消了。球场被水淹了，根本没法踢球。我也很遗憾，孩子们。”

“天哪，不！”阿卡迪亚失望地喊道，“我可是盼星星、盼月亮地盼到比赛这一天哪！”

“嗯……没事的，咱们肯定还有下一次比赛嘛。”伊莎贝尔安慰她道。

“那我们现在干吗呢？讨厌的雨把一切都毁了！”阿卡迪亚还是忍不住抱怨。

妈妈拉开餐桌边的椅子坐下，建议道：“要不，我给你们俩找部电影？或者……”

“有什么可以出去玩的吗？”阿卡迪亚耸耸肩。

“当然。正好你有两双雨靴，你和伊莎贝尔可以一人一双，穿着到外面踩水坑。”

“呃，我估计没法穿阿卡迪亚的鞋。我的脚比她大。”伊莎贝尔苦笑一下说。

“嗯。不过，你要是不介意的话，还可以穿我的哟，都在那边……”阿卡迪亚的妈妈指指门后。

“唉！”这时，阿卡迪亚又忍不住发出一声重重的叹息，“到底为什么要下这么多雨呀？！

都连着下了好几天了。”

“姑娘们，”妈妈突然眼睛一亮，“想不想听一件很酷的事，关于雨的？”

“难道是雪？”爸爸突然大笑着插嘴——“呃，好吧。我承认刚刚讲了一个失败的科学冷笑话。”

“我不懂，那有什么好笑的？”阿卡迪亚追问。

爸爸只好解释道：“刚刚你妈妈说要讲一件很酷的跟雨有关的事。但雨还不够冷酷，嘿嘿，雪比雨更‘冷’更‘酷’，不是吗？”

“哈哈，我觉得你比它们都‘冷酷’！”阿卡迪亚干笑两声，忍不住取笑爸爸。

“好了，我要说的是——”妈妈继续之前的话题，“你们知道吗？此刻外面下的雨，很有可能是以前恐龙喝过的水变成的。”

“哈哈，这是另一个笑话吗？你们家的笑点

都好冷好奇怪呀！”伊莎贝尔笑着说。

“我是认真的哟。”妈妈睁大眼睛看着女孩儿们说。

“可是……恐龙不是生活在很久很久以前的吗？那时候的水到现在还没消失吗？”阿卡迪亚一脸不相信。

“水是不会消失的哟！”爸爸像魔术师一样夸张地挥动着双手，笑嘻嘻地说。

“我猜阿卡迪亚是想说，那时候的水到现在还没蒸发完吗？”伊莎贝尔补充说。

“对，水不会凭空消失，但是，水会蒸发；不过，水随后又会回来。”妈妈道。

“多么神奇的魔法啊！”爸爸又一次“装模作样”地挥动着手指假装神秘。

“这可不是什么魔法，是水循环。”妈妈显然已经习惯了爱表演的爸爸，一点儿都不大惊小怪。她向两个女孩儿解释道：“地球上出现水的时间可比恐龙出现的时间早多了，当然比我们人类出现的时间早得更多。”接着，她拿出一个水壶，“咱们现在就装一些水，我给你们实际演示一下。”说完，妈妈把水壶放到水龙头下，接了一些水，放到火炉上。“这只壶里的水有可能来自任何一个地方：可能是恐龙喝过的；也可能来自热带的海洋；还可能曾被冻在结冰的冰层下；又或者曾经是尼罗河的一部分；当然，它也可能在巴克斯特的水碗里出现过，又也许是……”

“马桶里的水？”阿卡迪亚接道。

“咦，太恶心了！我们怎么可能喝马桶里的水？！”伊莎贝尔嫌弃得龇牙咧嘴。

“听我说完，孩子们。”妈妈接着说，“地球上的水，无论以何种形式出现，都会进行自我循环。一场循环，就好比画一个圆圈，永远首尾相

连，完整而封闭。”

“这些跟恐龙喝的水有什么关系？”阿卡迪亚提问。

“我来问问你，这个水壶里的水烧开时，会发生什么？”

“会……咕嘟咕嘟地冒泡？”阿卡迪亚回答妈妈。

“然后呢？这些泡泡会留在壶里吗？”妈妈鼓励阿卡迪亚继续思考。

“不会啊，它们会蒸发掉吧。”

妈妈展露出明媚的笑容：“一点儿都没错！地球上的水也一样！”

“不可能。”阿卡迪亚撇撇嘴，“海水会沸腾吗？会烧开吗？真是的。”

“但是，海水的确会蒸发，加上地球上大部分的水都是海水，所以……”

“啊？那就是说，地球上绝大部分蒸发的水

都来自大海喽？”

“没错！”妈妈兴奋地说，“我现在烧水，只是为了加速整个过程。事实上，冷水也能蒸发。好好回想一下，你在外面放一杯水，过一段时间，它是不是也会越来越少直到一滴不剩？这些水去哪儿了？是蒸发了。”

“我知道了！”伊莎贝尔高兴地大叫起来，“水放在外面，夏天的时候蒸发得快，冬天的时候蒸发得慢，是因为夏天比冬天的温度高！”

“完全正确。水在蒸发后，变成了水蒸气——就是水的气体形式。”这时，妈妈指着水壶口冒出的白气，说道，“看见了吗？但这个可不是水蒸气哟。这是水蒸气遇冷形成的小水珠。水蒸气最后会在天空中聚集成厚厚的云，接着再落回地面。”

“以下雨或下雪的形式！”伊莎贝尔接道。

“对，就是这样。想想看，这些水珠会落到

哪里呢？当然是地球上的任何角落！也许是一片大海，也许是一片池塘，也可能落到草地里……不论如何，最终，它都会再次以水蒸气的形态重新回到天空。”妈妈手舞足蹈地比画着。

“然后再来一遍，一遍又一遍地重复这个过程？”阿卡迪亚问。

“没错。水循环就是这样一遍一遍地重复……”

“所以，很久很久以前，恐龙喝过的水，现在有可能到了橙子里？！”阿卡迪亚指着面前一盘切好的橙子说。

“我想是的。在这个循环过程中，水有数不清的变化途径，不是吗？也许正是很久以前的恐龙喝过的水养大了这颗美味的橙子呢。”

妈妈说完，阿卡迪亚抓过一块橙子放进嘴里，咬了下去：“但我现在把橙子吃了，循环不就结束了吗？”

“阿卡迪亚，你确定？”爸爸突然凑过脸来，朝阿卡迪亚“挤眉弄眼”，“想想下一步，你吃了这颗橙子，然后呢？”

“然后……进入我的身体？”阿卡迪亚觉得莫名其妙，一边想，一边大口咀嚼。

“再然后呢？”伊莎贝尔突然咯咯地笑起来，替阿卡迪亚的爸爸追问。

“哦！”阿卡迪亚一脸嫌弃，“我知道了，真恶心！”

妈妈笑着补充说：“不过，你想到的只是水分离开身体的其中一种途径，水分还可以通过……”

“我知道！是我们呼吸时呼出的气体，那里就有水蒸气，对吧？”伊莎贝尔兴奋地反应道。

“对，就是这样。除此以外，身体内的水分还可以通过排汗的方式排出体外。当然，绝大部分水还是被吸收进体内帮助血液循环，确保各项功能正常运转。但你是对的，阿卡迪亚，事实就是还有一部分最终到了厕所。”

“那之后这些厕所里的水去哪儿了？”阿卡迪亚越来越好奇了。

妈妈回答说：“其实你每次冲完厕所后，排掉的废水都会得到净化处理，直到最终再次蒸发、循环往复。”

“呃，等等，就是说——”阿卡迪亚扬起眉头、瞪大眼睛，“现在我们足球场上的水，有可能就是厕所冲走的水？”

“哈哈，也可能是以前一个著名球星的汗变成的！不要太酷哟！”伊莎贝尔开心得一阵大笑。

“可能……有那么一点儿酷吧。”阿卡迪亚显然不愿意做同样的联想。

“那你还想去外面玩吗，阿卡迪亚？”伊莎贝尔问。

“去吧，姑娘们！尽情享受雨天！”妈妈笑着鼓励她们。

“哈哈，干脆管雨天叫‘恐龙尿天’得了！”阿卡迪亚假装严肃地建议说。

“哦，我明白你的意思！”伊莎贝尔弯腰穿着雨靴，很快反应过来，直起身说，“因为这场雨很久以前可能是恐……”

“对呀，也可能是别的地方变的，所以也可以管雨天叫什么‘胳肢窝汗天’‘酸臭洗澡水天’，还有……”

“够了够了。”妈妈忍不住打断阿卡迪亚，“我非常确定，你们俩现在完全明白水循环是怎么一回事了。好了，不用给雨天乱起名了，快去玩吧！现在，我要享受这壶开水泡的茶了。”

“遵命！慢慢享受您的恐龙尿好茶吧，哈哈

哈！”阿卡迪亚不给妈妈任何生气的机会，说完就一溜烟儿地跑了出去。

好半天后，等阿卡迪亚和伊莎贝尔再次进了家门，妈妈教她们做了一个生动的科学实验：利用水、可食用色素，以及可密封塑料袋，搭建一个完整的水循环模型。最终，阿卡迪亚动手制作了属于自己的水循环模型，并且开始思考，还能用它做什么新的实验。

一起来做实验吧！

问题： 比较水在有阳光的地方和没有阳光的地方的蒸发速度，水在有阳光的地方是否蒸发得更快？

调查： 太阳散发出的热量的确是影响水循环的关键因素，对水分蒸发产生的影响巨大。

假设： 如果我在一扇阳光照射到的窗户和一扇阴凉处的窗户上，各挂一个一样的水袋，来观察里面水分的蒸发情况，也许有阳光照到的水袋里的水蒸发得更快，因为光照越充足，热量越高，温度越高。

步骤：

1. 用不掉色的马克笔，在塑料袋（能密封的那种，用来装水）的上方画一些云彩。
2. 在塑料袋里装 3～5 厘米高的水。
3. 在水里加一滴蓝色的可食用色素。
4. 把塑料袋密封好。
5. 重复前面的步骤，再做一个一模一样的水袋用来比较（确保两个塑料袋所装的水的体积一样，可以进行"公平竞争"）。
6. 用牢靠的胶带，把其中一个水袋粘到阳光能照射到的窗户上。

7. 把另一个水袋粘到阴凉处的窗户上。

8. 进入观察环节！花2天左右的时间，观察两个水袋里水量的变化。

实验： 水、可食用色素、不掉色的马克笔和两个能密封的塑料袋。

过程：

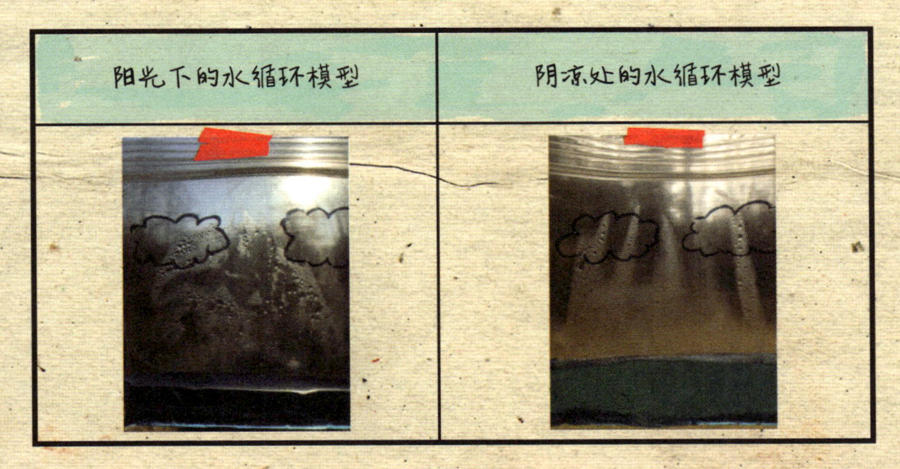

结论： 两个水袋并没有表现出明显的不同。事实上，阴凉处的那个水袋是第一个开始蒸发的，也就是内壁最早挂上小水珠的那个。我想应该和屋里的火炉有关——阴凉处的水袋和火炉在一间屋子里，所以，屋子里的温度干扰了实验的结果。如果我们房间里没有开火炉，实验的结果也许会清楚得多，也就是有光照的水袋里，水应该蒸发得更多。

水循环……水循环……

不停地循环……

重复着循环……

一遍……又一遍……

新的科学词汇

水循环

地球上的水从地表蒸发，凝结成云，降水到径流，积累到土中或水域，再次蒸发，进行周而复始的循环过程。

转移

当水分离开植物，或从地表蒸发变成气体到空中，即水分发生了转移。

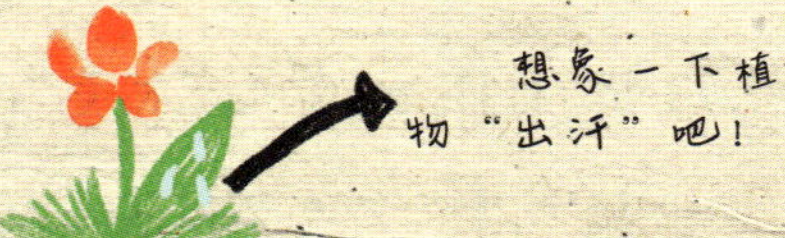

水烧开时冒出的热气。

蒸发

液体表面缓慢地转化成了气体。

冷凝

气体或液体遇冷而凝结，如水蒸气遇冷变水，水遇冷变冰。

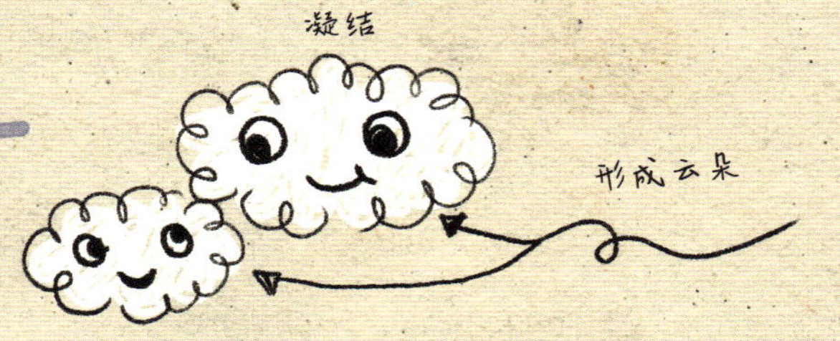

降落

蒸汽凝结，以雨、雪、雨夹雪或冰雹的形式，从天上的云降落到大地的过程，即降落。

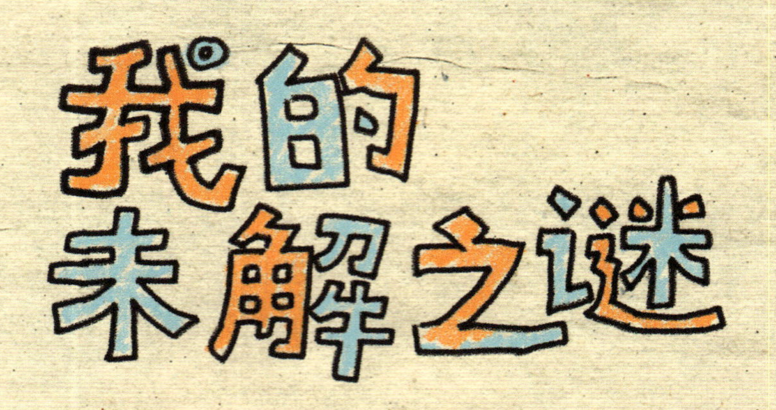

- 地球上最早的水是怎么形成的？
- 云是如何形成的？为什么有不同形状的云？
- 一杯水里有多少水分子？一个池塘呢？一个湖、一片大海，甚至整个地球呢？

现在是晚上，阿卡迪亚和爸爸正聚精会神地守候在电视机前——激动人心的美国职业棒球大联盟的现场直播，绝对不能错过！快看快看：对方的投球手绷紧了身子，一——二——三——奋力发球！小球以闪电般的速度直线飞进了本队捕手的大手套中，又一个三振出局，攻方的击球手连球棒都没来得及挥呢！

电视机里随即爆发出一阵排山倒海般的欢呼声。看台上——洛杉矶道奇队的球迷们的蓝白色的衣服像一片海洋一样淹没了屏幕，激动和骄傲之情几乎要溢出来了！

而电视机前，几乎同时，阿卡迪亚的爸爸抱着脑袋发出一声绝望的呐喊："不！！"

“别灰心，爸爸。他们还会回来的，你等着看吧。波士顿红袜队从没让咱们失望过！”阿卡迪亚安慰爸爸。

“呼——”爸爸长舒一口气，喃喃自语道，“好吧，还早……还来得及……”突然，他注意到墙上的挂钟，严肃地转向阿卡迪亚：“但是，时间可不早了！阿卡迪亚，9点了，快去睡觉。”

“啊？爸爸！你就让我留下来看完吧，这可是大联盟啊！”

“这才刚到第三局的上半场，离比赛结束还早着呢。估计最早也得11点以后了。”

“不公平！”阿卡迪亚噘着嘴，一脸的不满，“小孩儿也喜欢看棒球啊，为什么比赛不能早一点儿开始呢，非要这么晚！”

“原因很简单，因为要保证全美国的人民都能同时观看比赛。”

“什么意思？”阿卡迪亚没明白。

爸爸恋恋不舍地把目光从电视机屏幕上移到墙上的挂钟上，对阿卡迪亚解释道：“你瞧，现在咱们这儿是晚上 9 点，但在西海岸的加利福尼亚州才下午 6 点左右，那里的人估计刚下班回家。”

“等等——爸爸，你在说什么？你是说，现在、此时此刻，有两种不一样的时间？”阿卡迪亚一脸不可置信。

“嗯，事实上——”爸爸纠正阿卡迪亚，“此时此刻，地球上不止有两种不同的时间。”

“到底什么意思呀？！”阿卡迪亚不解地看着爸爸。

爸爸温柔地转向阿卡迪亚：“你还记得你以前那只叫鲍勃的玩具小熊吗？”

阿卡迪亚点点头。

“那你还记得，它是怎么教你认识时间的吗？地球绕着地轴转一圈，需要——”

“24小时！还有围着太阳转一圈要365天！”

“记性不错。”爸爸肯定地看着阿卡迪亚，继续解释，“好好回忆一下。此时此刻，地球上是不是有一半是黑夜，另外一半是白天？所以，你处在地球上不同的地方，时间也就不同。”

“嗯……”阿卡迪亚若有所思，“我能理解……我们这里和澳大利亚的时间不一样；但是，为什么加利福尼亚州和这里的时间也不一样呢？它们不是都在美国吗？”

“你知道吗？咱们家所在的缅因州，是全美国最早能见到太阳的州；而在缅因州，最早能见到太阳升起的地方，你知道又是在哪里吗？”

“在哪儿？”

爸爸神秘地一笑，提示道：“跟你同名的……”

“阿卡迪亚国家公园？？太酷了！”阿卡迪

亚露出大大的笑容。

“没错，答案就是——阿卡迪亚国家公园的凯迪拉克山。每天，缅因州第一个看到太阳，这时候，美国还有很多地方天没亮呢！接着，随着地球继续转呀转呀，从东海岸到中部大平原再到西海岸，慢慢地，整个美国都陆续进入了白天；同样，我们这里也是美国最早跟太阳说再见、进入黑夜的地方。”

阿卡迪亚一边听，一边盯着电视机——她这才注意到，比赛的现场，也就是西海岸加利福尼亚州的道奇球场，上面的天空仍然是夕阳时分的橘粉色；而此时，自家窗外已经是漆黑一片了。

“所以，虽然我们处在同一时刻——但是，我们用着两种时间！”阿卡迪亚忍不住摇摇头感叹，“这可真是太神奇了！等等，爸爸，如果咱们这儿比加利福尼亚州早 3 小时，那夏威夷州现在几点？”

“呃……下午6点左右？这得分在一年中的什么时候，所以——”

“所以夏威夷州的小孩儿现在还在学校里！哈哈哈！”阿卡迪亚一脸眉飞色舞，“我敢保证，这会儿夏威夷州的小孩儿肯定在抱怨，大联盟怎么这么早就开始嘛！哈哈。不过，我还是觉得他们比我更幸福，虽然错过了前面的比赛，但是放学回家能看到后面的结局呀！”想到这里，阿卡迪亚忍不住又是一声叹息，“太不可思议了，怎么会有‘时区’这种东西呢？”

“一开始的确没有‘时区’这个概念。”爸爸回答她，“最早，人们是看天，通过观察太阳的方位来判断时间的；或者，人们也可以到镇中心去看大钟。直到19世纪后期，‘时区’才得以确立。你能猜到其中最主要的原因吗？”

“因为人们害怕迟到？”

“也算。不过，更重要的是，当时有件事要求人们必须得确立一个标准时间。”

“什么是‘标准时间’？”

“你也可以说，规定的时间。”

“唔……”阿卡迪亚开始思考，“因为小孩子不想上学迟到？”

“嗯，阿卡迪亚，想想大人小孩儿都适用的原因。”爸爸鼓励阿卡迪亚。

“因为很多人想按时去教堂，是这个原因吗？”

“等一下——”爸爸突然往前探过脑袋，紧盯着电视画面，神色紧张地自言自语，“我可不想错过这场较量……”

突然，“错过”这个词电光火石一般，倏地击中了阿卡迪亚的思绪，她开始思考：生活中有哪些事情，是她自己不愿因为时间不对而错过了的？

“嗯……我不想错过我喜欢的电视节目。啊，不过古代还没有电视机呢。”

“嗯……我可不想因为迟到而错过飞机起飞！不对，那时候也没有飞机，但那时候可能有……”

“爸爸，我知道了，火车！是火车，人们不愿意错过火车！”阿卡迪亚激动地摇着爸爸。

“哈哈，让你猜中了！”爸爸发出开心的大笑，“就是因为火车，毕竟谁也没权力让火车等他一个人。所以到了19世纪，时区确立下来，许多事情也更有条理、更有秩序了。”

“哼，但是也规定了全世界的小孩儿都要早一点儿睡。真不公平！”

“难道小孩子不需要早一点儿睡吗？哈哈。”

“爸爸，”阿卡迪亚继续追问，“一个时区从哪儿开始、在哪儿结束，怎么能区分得那么清楚和准确呢？”

爸爸告诉她：“一个地方如果正好处在两个时区的分界线上，其实还挺有意思的。举个例子，比如印第安纳州，它有一部分区域属于一个时区，而另外的区域处在另一个时区。所以，如果你住在东边时区的镇子上，傍晚 5 点离开家门，等你开车到隔壁西边的镇子，你会发现那里才下午 4 点。”

“哇，太有意思了。咱们来假装正生活在印第安纳州吧，那边比我们这里早 1 小时呢！”

“嘘——”爸爸又一次集中注意力，专注于电视屏幕上的比赛，“已经 2 击 3 球了！”

“天哪，我一想到全美国人都在同时看这个画面，但又并不是真的‘同时’……”

“嘘……投手开始……击中！干得好！！好一个平地直飞球！跑起来——漂亮！！我们得分了！！”阿卡迪亚的爸爸已经忍不住从沙发上蹦了起来，他实在太激动了！

“爸爸，求求你了！让我待在这里，至少把这一局看完好吗？想想夏威夷州的孩子们吧，我至少得等他们放学回家打开电视机才能离开呀。我们可以称得上是电视机前的棒球手代跑观众呢！”

“好吧好吧，我可不忍心让远在夏威夷州的孩子们失望。你就把这局看完再休息吧！但是——”爸爸“威胁”阿卡迪亚道，“只看不说话，看完就睡觉，成交？”

“成交。”阿卡迪亚转向电视机，看着画面里球场上方夕阳余晖映衬的天空，又扭头看了一眼窗外漆黑的夜幕，忍不住在内心感叹这无与伦比的奇妙世界。

第二天，阿卡迪亚心里仍然惦记着“时区”

这回事。她想，不同的城市，日落的时间肯定也不一样。这回，阿卡迪亚自己动手搜索起答案来，她查到几个有代表性的棒球队所在的城市，以及这些城市各自的平均日落时间，将结果整理成了一张有秩序、有条理的时间表。

日落

10月25日　日落时间数据

队名	体育场位置	10月25日 日落时间数据
波士顿红袜队	马萨诸塞州，波士顿	5:47
纽约洋基队	纽约州，纽约市	6:01
纽约大都会队	纽约州，纽约市	6:01
费城费城人队	宾夕法尼亚州，费城	6:07
巴尔的摩金莺队	马里兰州，巴尔的摩	6:13
华盛顿国民队	华盛顿哥伦比亚特区	6:16
迈阿密马林鱼队	佛罗里达州，迈阿密	6:44
坦帕湾光芒队	佛罗里达州，圣彼得斯堡	6:52
匹兹堡海盗队	宾夕法尼亚州，匹兹堡	6:25
多伦多蓝鸟队	（加拿大）安大略省，多伦多	6:18
克利夫兰印第安人队	俄亥俄州，克利夫兰	6:30
亚特兰大勇士队	乔治亚娜，亚特兰大	6:52
辛辛那提红人队	俄亥俄州，辛辛那提	6:45
底特律老虎队	密歇根州，底特律	6:35
芝加哥小熊队	伊利诺伊州，芝加哥	5:54
芝加哥白袜队	伊利诺伊州，芝加哥	5:54
密尔沃基酿酒人队	威斯康星州，密尔沃基	5:53
圣路易斯红雀队	密苏里州，圣路易斯	6:09
明尼苏达双城队	明尼苏达州，明尼阿波利斯	6:11
堪萨斯城皇家队	密苏里州，堪萨斯城	6:26
休斯敦太空人队	得克萨斯州，休斯敦	6:40
得克萨斯游骑兵队	得克萨斯州，阿灵顿	6:44
科罗拉多洛基山队	科罗拉多，丹佛	6:06
亚利桑那响尾蛇队	亚利桑那州，菲尼克斯	5:42
西雅图水手队	威斯康星州，西雅图	6:03
洛杉矶道奇队	加利福尼亚州，洛杉矶	6:07
洛杉矶天使队	加利福尼亚州，阿纳海姆	6:06
奥克兰运动家队	加利福尼亚州，奥克兰	6:18
旧金山巨人队	加利福尼亚州，旧金山	6:19

数据观察

* 西雅图和纽约不属于同一个时区，所以，虽然这两座城市的日落时间从表面看相差无几，但事实上，纽约的日落比西雅图的日落时间早大约3小时。但是，因为西雅图的时钟统一往回调了3小时，所以——结果很公平！两个地方的时间又保持一致了，这就是“时区”的作用！

* 嘿，请等一分钟！匹兹堡和费城不仅在一个时区，也同属于宾夕法尼亚州，两座城市所处的纬度也相近，但为什么匹兹堡的日落时间比费城晚了18分钟呢？原因是这样的：虽然两地同属于一个州，但费城位于宾夕法尼亚州的东部，匹兹堡位于州西部。所以，在东边的费城看到日落的时间早，在西边的匹兹堡看到日落的时间晚。总体来看，两地的白昼时长，谁也不比谁短——结果很公平！

* 嘿，请再等一分钟！匹兹堡、迈阿密同属于一个时区，所处的经度也近似（都在西经 80 度附近），但为什么在迈阿密看到日落的时间比匹兹堡晚 19 分钟？啊，我知道了！因为，日落的时间不仅跟经度有关，也受纬度影响——相比之下，迈阿密所处的纬度更低，距离赤道更近，所以日照时间更长，做实验的 10 月 25 日那天日落更晚。

* 为什么亚利桑那州的时间跟附近区域的时间很不一样？原来，亚利桑那州并没有像别的地方一样采用夏时制！

自转24小时＝24个时区？

地球自转一周需要24小时，是不是因此有24个时区——1小时转1个时区？

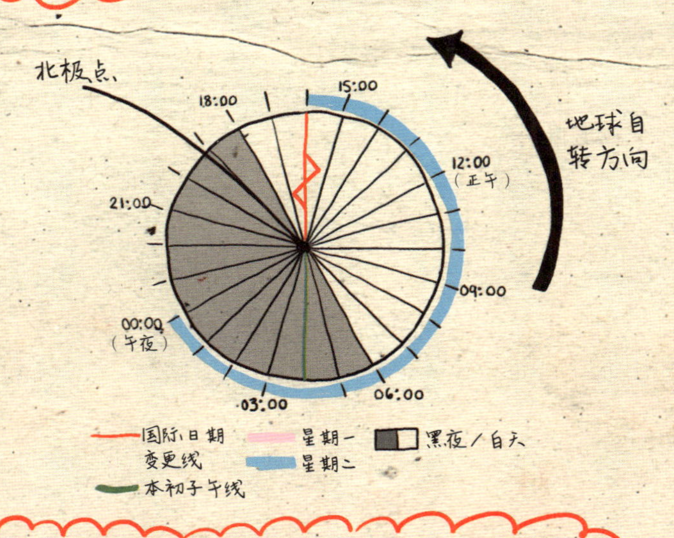

你也许是这样想的！但事实上，影响时区划分的因素复杂得多，其中很重要的就是政治原因——时区分界线弯弯曲曲的，要考虑到国家和国家之间的边境线，州和州之间的边界……

新的科学词汇

时区

按经线把地球表面平分为24区，每一区跨15度，叫作一个标准时区。

有24个时区

国际日期变更线

这是一条国际规定的“昨天”和“今天”的分界线——它跟180度经线基本吻合，但是并不完全重合——避开了太平洋上的一些岛屿，走了“弯路”。

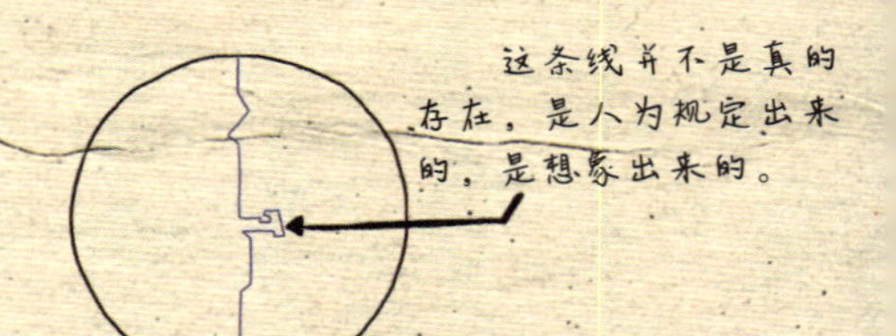

世界时（格林尼治时间）

以本初子午线所在的时区为标准的时间。世界时用于无线电通信和科学数据记录等，以便各国取得一致。也叫格林尼治时间。

夏时制

某些国家或地区为充分利用阳光、节约能源所实行的夏季时间制度。夏季来临时把钟表的时针向前拨一小时，夏季结束再拨回原来的时间。也叫夏令时。

标准时

同一标准时区内各地共同使用的时刻，一般用这个时区的中间一条子午线的时刻做标准。

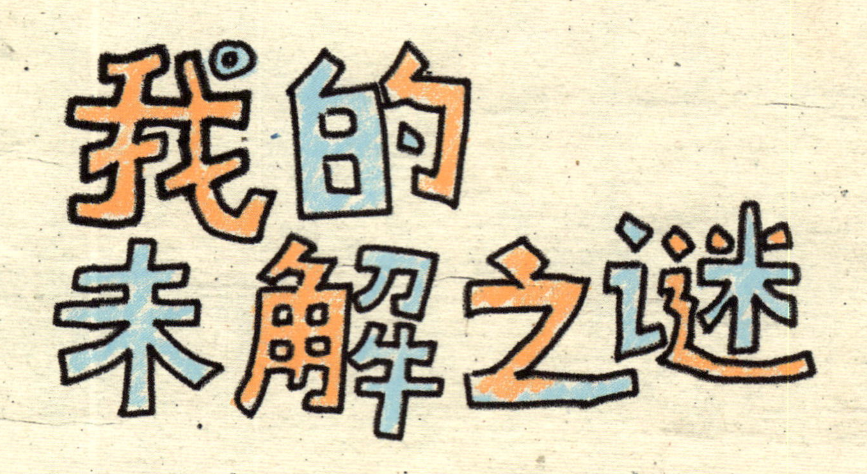

- 夏时制是怎么想出来的？

- 如果你能用尽各种交通工具（汽车、火车、飞机等，越快越好），最多能在全世界多少个不同的地方庆祝元旦？光想想就太不可思议了——要是1小时在1个地方庆祝，24小时就可以在全世界24个地方不停地庆祝元旦啦！

病菌防御战

又到了一年一度的万圣节，阿卡迪亚和好朋友伊莎贝尔在外面玩了快两小时的“不给糖就捣蛋”后，终于满载而归。

“哇，你们俩可以呀！收获满满哪！”两个人进了厨房，阿卡迪亚的妈妈一眼就瞧见了她们鼓鼓囊囊的装满了糖果的枕套。

“呼——”阿卡迪亚把“战利品”卸下来放在桌子上，从里面拿出一块糖，一脸幸福地高喊，“我爱万圣节！”

妈妈笑了笑：“对了，别人能看出来你们装扮的是什么吗？”

“小蝙蝠”伊莎贝尔“腾——”地展开“双翼”，撇撇嘴说：“不能。”

"谁让大家只会打扮成吓唬人的角色呢？除了僵尸就是吸血鬼，真没意思。"阿卡迪亚一边评论，一边擦去脸上的"浣熊妆"。

"夜行动物也够吓人的。谁也不想大晚上走路，突然撞见一只眼睛发亮的浣熊，不是吗？我和巴克斯特可是亲身经历过这种事呀！"妈妈回忆着，心有余悸地说道。

"咚咚咚咚——"

就在这时，一阵急促的敲门声打断了三个人的对话。会是谁呢？

阿卡迪亚的妈妈端着没剩几块糖的果盘去开门——如果她没理解错的话。

"嗨，约书亚，是你！打扮得不错！"

"哈哈，谢谢！"装扮成一片大培根的约书亚从门口跳进来，吓了阿卡迪亚和伊莎贝尔一跳。小狗巴克斯特也一溜烟儿地跑过去，围着他

嗅来嗅去。

“哈哈，好了，巴克斯特。让你失望了，他可不是真的培根哟！”阿卡迪亚转向“培根”约书亚问，“你今晚要了多少块糖？”

“挺多的！”约书亚答道，同时举起来一个几乎塞满了糖果的口袋。“我想跟你们换一些糖果，怎么样？”

“可以啊。”阿卡迪亚大方地把自己那个装满了糖果的枕套倒了个底朝天，花花绿绿的诱人糖果瞬间铺满了整张餐桌。

伊莎贝尔低头看看自己的口袋：“我也可以跟你交换。”

约书亚这才注意到伊莎贝尔的“蝙蝠”造型——两只黑色的小翅膀，还有黑色头发缠起来的两只尖耳朵！“伊莎贝尔，我喜欢你这个蝙蝠装！”说完，他又转向卸了一半装的阿卡迪亚，“你原来是什么造型？”

阿卡迪亚摇摇背后还没摘掉的灰黑色相间的毛绒尾巴："我是浣熊，看出来了吗？漆黑的夜晚，一只浣熊和一只蝙蝠悄悄地出现……"

"然后，撞上你们的倒霉蛋就感染了狂犬病毒？呃……抱歉，我只是开个玩笑。"约书亚不好意思地耸耸肩。

"哈哈，不是的。"阿卡迪亚干巴巴地笑了两声，严肃地解释道，"这只是两只夜行动物。"

"哦？什么是夜行动物？"约书亚一脸疑惑。

"夜行动物，就是晚上出没的动物。明白吗？"伊莎贝尔告诉他，"不给糖就捣蛋，是不是也是晚上玩的？"

"噢，有意思！我懂了。"约书亚也伸出了手臂，"闻闻看，是不是培根的味道？我实在太喜欢培根了，所以打扮成了它的样子。为了让自己更逼真，我爸爸还给我喷了一点儿培根味的喷雾。"

“哈哈哈。”伊莎贝尔忍不住笑道，“怪不得巴克斯特被你搞得晕头转向的，原来你真的散发着培根的味道！”

阿卡迪亚又啃了一根巧克力棒，把剩下的糖果分好类。“好了，该说怎么交换了。开始前呢，我需要先把自己的糖分分类：我最喜欢的、我一般喜欢的和我不太喜欢的，黄油花生酱杯单独分一堆——这是我爸爸的最爱。”

“我就分两类：我能吃的和我不能吃的。”

“什么？还有你不能吃的糖？”伊莎贝尔问。

“对啊，我对花生过敏。”约书亚说着，从口袋里拿出一个橙色包装的黄油花生酱杯，递给阿卡迪亚，“这个可以给你爸爸。”

“天哪！”伊莎贝尔皱着眉头尖叫，“你不能吃黄油花生酱杯？！你怎么能受得了！”

“还好啦，我都习惯了。”约书亚耸耸肩，“但是，如果不让我吃培根，我肯定会疯的。”约书亚笑着吐了一下舌头。

“你吃了花生会怎么样？”伊莎贝尔问。

“就有那么一次，当然也是从那次以后，我就知道我对花生过敏了。当时，我的嘴巴又红又痒，感觉喉咙里面都快粘到一起了，简直没法呼吸。”

“啊，听起来真可怕！”阿卡迪亚捏起一个黄油花生酱杯凑到眼前，“我不明白，这么一丁点儿就能把你害成那样？！”

“嗯。我一旦吃了花生，我的身体就会感觉到，认为有些坏东西进来，并且开始想办法攻击它。医生告诉我，对我的身体来说，花生就像它的敌人，一旦被发现，就会引起一场身体内的战争。”约书亚转向阿卡迪亚的妈妈，向她确认，

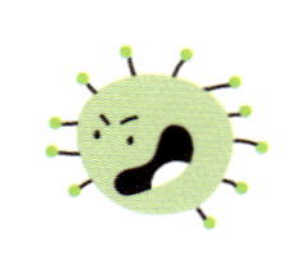

“没错吧？”

“大概就是这样。事实上，是你体内的免疫系统发出了警告，并展开了防御保卫战来保护你不受伤害。当你感冒了，或者皮肤上有伤口被细菌感染，你的免疫系统都会第一时间来帮助你的身体得到恢复。”

“哦，所以大多数时候，你身体内的免疫系统都是好的。”阿卡迪亚看向约书亚。

“应该说……非常好。”阿卡迪亚的妈妈补充道，“就像约书亚的医生说的——免疫系统就像是一群超级英雄，时刻准备着为你而战。这群超级英雄是谁呢？比如，血液里的白细胞、淋巴结等。”说到这里，妈妈摸了摸阿卡迪亚的脖子，问道，“感受到这些小小的凸起了吗？下巴和耳朵附近就分布着许多淋巴结。不知道你们有没有注意过，人生病的时候，脖子上的这些地方会肿起来。”

伊莎贝尔问："免疫系统怎么保护我们呢？"

"举个例子：假设你的手指被刀切到，病菌通过伤口进入了你的身体。这时，你身体中的免疫系统就会派出好的细胞打败这些入侵的病菌。当然，还有另外一种情况，如果你感染了某种病毒，这些病毒主动攻击你身体里健康的细胞，把它们变成坏细胞，而这些被控制的坏细胞会不断增生，变出更多的坏细胞。这时，你的免疫系统就会发出警告，迅速辨别入侵者，控制住变坏的细胞，不让它们继续分裂增殖。"

妈妈说完，阿卡迪亚的脸上露出一种敬畏的神情："那么，此时此刻，就在我的身体里，很有可能正在进行一场史诗般的病菌防御战，对吗？"

妈妈笑着点点头："没错。人体的免疫系统几乎时时刻刻都在努力地战斗着，保护我们的健康。然而，大部分时候，我们都想不起来它们的好，直到生病了又去埋怨它们。”

约书亚突然开口道：“我还是有一些不明白。比如我对花生过敏这回事，我的免疫系统是不够聪明，还是这群超级英雄有暴力倾向？好好的花生，它们防御什么？连病菌和美食它们都分不清楚吗？”

阿卡迪亚的妈妈耐心地听完，温柔地拍拍他的肩膀：“约书亚，你的免疫系统既不笨，超级英雄们也没有暴力倾向。相反，再没有谁，比你的免疫系统更勤劳勇敢地保卫你的安全了。”

“只是……我真的不喜欢和别人不一样，当大家都能吃黄油花生酱杯，而我……”约书亚垂下头，慢慢地理着他“能吃”和“不能吃”的糖果。

伊莎贝尔看着他说：“嘿，你知道吗？我姐姐对花粉过敏，我妈妈呢？——对猫毛过敏！天哪，你知道我有多想养一只小猫吗？可是不能，因为我妈妈会过敏。”

约书亚睁大眼睛抬起头："那你不会觉得很烦吗？"

"嗯，是有一点儿——"伊莎贝尔耸耸肩，"但是，我知道原因哪，我妈妈也没法控制自己过不过敏，对不对？再说了，我知道她也很伤心。事实上，我觉得她比我还喜欢猫！每次，她看见人家的小猫，都忍不住去瞧瞧、摸摸。结果呢，每次她都得接着忍受打喷嚏和流眼泪的折磨。唉，我猜，这些反应就是她的免疫系统在保护她的表现。"

就在这时，"阿嚏——"阿卡迪亚打了一个巨大的喷嚏！"阿——"眼见第二个巨大的喷嚏就要打响，伊莎贝尔和约书亚几乎同时对她喊出声："捂住嘴巴！"

这一喊，把阿卡迪亚的第二个喷嚏也吓回去了。她皱着眉，对两个朋友不满地表示："你们什么意思？！"

妈妈替他们回答说："就在刚才，你喷出了数以万计的病菌哟！如果这是感冒病菌，那就让我们一起为你的免疫系统加油吧，希望它能保护好你的身体。"

"也为我们自己的免疫系统加油，希望它们能保护咱们不被传染。"伊莎贝尔说。

"说到这里，你们知道摆脱感冒病菌最好的办法吗？"妈妈问大家。

"我知道，"约书亚一脸认真地回答，"最好的办法，就是时刻对自己的免疫系统心存感激。"

阿卡迪亚的妈妈忍不住笑出声："这的确是个好办法！但你怎么表达你的感激呢？"妈妈认真地告诉三个孩子，"答案很简单，就是用香皂勤洗手。这是你唯一能做的，也是防御病菌入侵最有效的事。想想今天一晚上，你们有可能接触到的所有的病菌吧！"

"噢，伟大的超级免疫英雄，让我来帮你！"

伊莎贝尔展开她的“蝙蝠翅膀”，一边唱，一边“飞”去了洗手池边。

“一会儿回来……再吃糖！”阿卡迪亚看着自己分出的“我最喜欢吃的”糖果，咽了一下口水，走向了洗手池。

妈妈慈爱地揉了揉阿卡迪亚的小脑袋，笑着看他们分别洗干净手，回到桌边开心地吃糖。

第二天，妈妈交给阿卡迪亚一瓶特别的凝胶——涂上它以后，在紫外线的照射下，皮肤上的病菌全都显露无遗。阿卡迪亚花了一整天来做这个实验：早上看一次，到一天结束的时候，再来看看它们移动的范围，以及数量的变化。她吃惊地发现，病菌移动得又快又远，一点儿都不老实！这一切实在令人印象深刻。睡前，阿卡迪亚仔仔细细地洗去手上的胶状物，同时，她在心里制订了一个新的实验计划。

一起来做实验吧!

问题: 用香皂洗手究竟管不管用? 洗多长时间比较好?

调查: 我先对洗手皂做了一些小调查。我以前不知道,洗手皂分为两种:一种是普通的香皂,另一种是杀菌皂。普通的香皂可以使细菌离开你的皮肤表面,用水一冲就掉了,是不是很酷?!杀菌皂能直接消灭细菌(包装上说能杀掉99.9%的细菌),但有些人不太信任它,认为细菌会对杀菌皂里含的灭菌剂产生抗性,时间长就不管用了。

假设: 用一块普通香皂洗手,洗得时间越长,留下的细菌越少。

准备:

1. 给你的"实验对象"(我请来了妈妈)手上涂满用来观察细菌的特殊凝胶。
2. 在紫外线灯光下观察。
3. 手心朝上拍一张照片。
4. 用普通香皂洗手10秒。
5. 擦干手(确保干燥)。
6. 再在紫外线灯光(紫外线灯可能会伤害眼睛,要戴上护目镜哟)下拍一张照片。
7. 再洗一遍手,用同样的香皂,坚持洗30秒。
8. 重复前面的步骤,擦干手后再拍一张照片。
9. 对比3张照片。

材料: 实验对象、用来观察细菌的特制凝胶、紫外线灯、护目镜、香皂、水池、相机。

过程:

涂上凝胶后不洗手	洗10秒钟	洗30秒钟
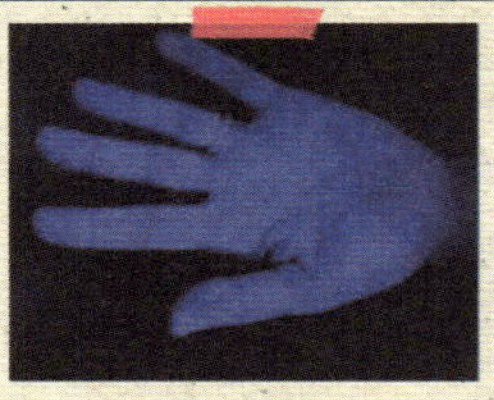	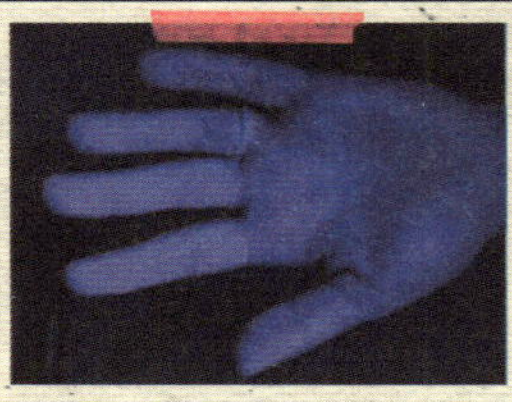	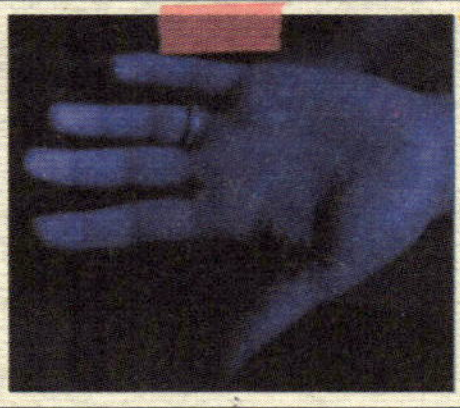

结果： “细菌凝胶”并不是真的细菌，用它来观察香皂作用下的细菌变化，结果非常明显。我的实验证明，用香皂洗了30秒的手，比仅仅洗了10秒的手干净得多！虽然照片可能看不太出来，但我非常吃惊地发现，我妈妈的手上，戒指附近的皮肤——好脏哟！还有指尖，也是细菌最多、最难清除的部分。我以前洗手总是随便冲一下，现在我知道了，以后洗手不仅要打香皂，而且要洗30秒才够！

新的科学词汇

白细胞

血细胞的一种，比红细胞大，圆形或椭圆形，无色，有细胞核，产生在骨髓、脾脏和淋巴结中。作用是吞噬病菌、中和病菌分泌的毒素等。旧称白血球。

骨髓

哺乳动物的中枢免疫器官，即骨腔内的软组织，含红细胞、白细胞和血小板谱系等处于不同成熟阶段的造血细胞，是所有免疫细胞的来源，也是B细胞分化、发育的部位。

淋巴结

哺乳类特有的周围淋巴器官，是滤过淋巴和产生免疫应答的重要器官。当你的身体被病菌入侵时，这里可是杀菌抗敌的“大战场”！

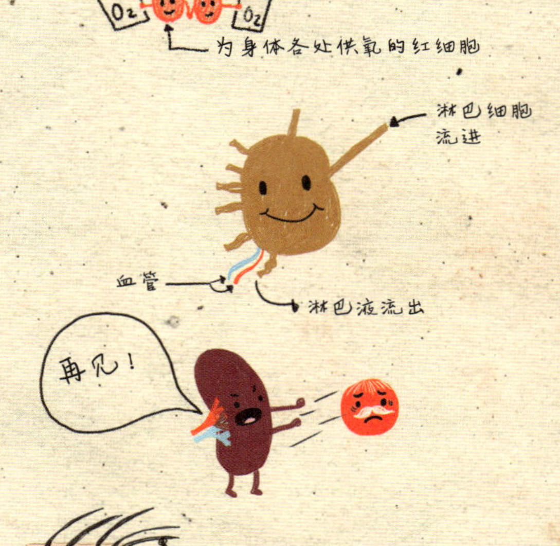

脾

人和高等动物的内脏之一。脾的作用是制造新的血细胞与破坏衰老的血细胞，产生淋巴细胞与抗体，储藏铁质，调节脂肪、蛋白质的新陈代谢等。

皮肤

皮肤也是一种器官！它是我们身体免疫系统的第一道屏障哟！

放大版的皮肤结构组织

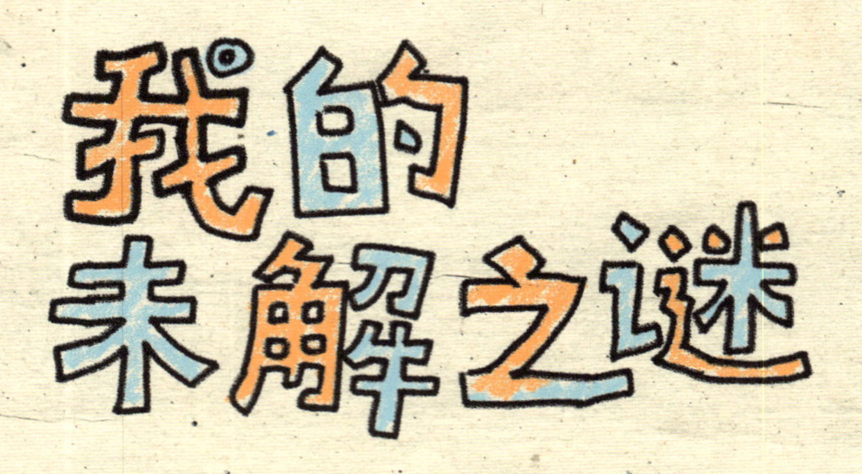

- 在我家里，哪些地方细菌最多呢？
- 为了让我的免疫系统更强大，我可以做些什么？
- 我刚打了流感疫苗，它会影响我的免疫系统正常工作吗？

致谢

非常感激乔纳森 · 伊顿以及蒂尔伯里出版社的工作人员对这本书给予的信任。感谢霍莉 · 哈特姆绘制的阿卡迪亚精心记录的笔记。

认识他的人，都能在这本书的故事中看到他，我的丈夫——安德鲁。从初稿到最后的定稿，他一直在给我反馈，并提供建议。谢谢你对我，以及一直以来给予全家人的支持。

感谢我的读者，安德鲁 · 麦卡洛、琳赛 · 科珀斯和佩吉 · 贝克斯福特。你们每个人都有着独特的视角，让这本书变得更好。同样，感谢我的小读者格丽塔 · 霍姆斯、西尔维娅 · 霍姆斯、伊莎贝尔 · 卡尔、艾莉森 · 斯玛特和格蕾塔 · 尼曼，谢谢你们真诚的（当然也很有趣的）

反馈。此外，还要感谢法尔茅斯中学的我的那些学生们。在我写这本书时，你们曾经问过的问题一直萦绕在我脑海中，这也是“阿卡迪亚的好奇记事本”系列的创作源泉。

最后，真诚感谢为这本书的科学内容提供编辑和校对工作的同事——安德鲁·麦卡洛、格兰特·特伦布莱、爱丽丝·特伦布莱、萨拉·道森、伊莱·威尔逊、简·巴伯以及伯思特·海因里希，你们各司其职，无可替代。本书凝聚了许多人的智慧和想法，单凭我一己之力是万万做不到的。

凯蒂·科珀斯与丈夫和两个孩子生活在美国缅因州。她是一名中学老师，教授艺术和科学，获奖无数。她的丈夫是名高中生物老师，结婚生子后，夫妻俩专注培养孩子的同理心、好奇心和创新意识。这本书的很多灵感正是来源于此。凯蒂的著作包括美国国家科学教授协会（National Science Teachers Association，NSTA）的教师指南——《科学中的创造性写作：激发灵感的活动》。

霍莉·哈特姆是儿童图书的插画家和图像设计师。她喜欢将线条、摄影和质地融合在一起，创作出极富活力与个性的插图。她绘制过插画的图书包括《什么是重要的》（曾获桑瓦儿童奖）、《亲爱的女孩儿，大树之歌》以及“创造者马克辛”系列。

在最后的最后，作为“阿卡迪亚的好奇记事本”在中国的出版方，我们还要感谢在百忙之中抽时间进行审读的老师们——热爱探索自然的生物老师姜泽和地理老师陈丽娟，还有假装自己是一个分子的物理老师刘畅。他们为这套书提供了专业的理论指导和帮助。

阿卡迪亚的
好奇记事本
冬天的实验员

[美] 凯蒂·科珀斯 著
[加] 霍莉·哈特姆 绘
欧阳培琳 译

童趣出版有限公司编译　人民邮电出版社出版
北　京

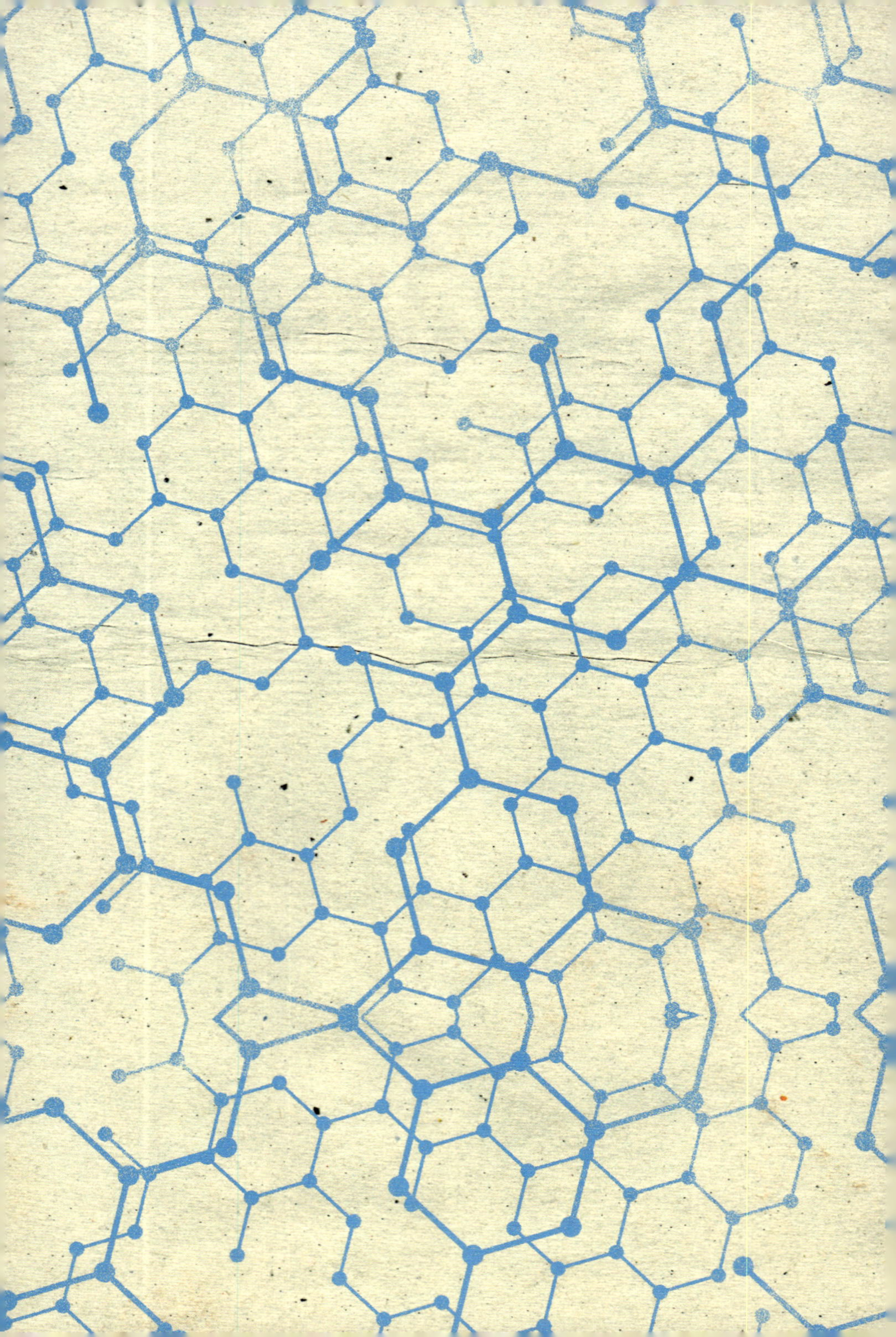

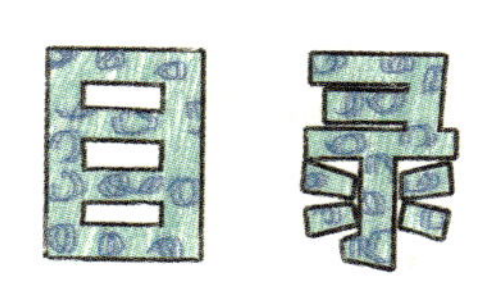

数以万计的人看见过苹果掉落，
但只有牛顿去追问个中缘由。

——伯纳德·巴鲁克

想法
阿卡迪亚的科学笔记
植物细胞
蒸发

科学的
笨办法
提出问题
怎么出现的?
做一些调查研究
提出假设
检验自己的假设
发现结果，验证假设
不太对
继续观察、研究
得出书面结论
正确!
和别人一起探讨你的结论!
优+

融化的雪人

今秋，阿卡迪亚和伊莎贝尔加入了同一支足球队，她们每周五一起过夜，然后一起去参加周六上午的比赛。现在足球赛季已经结束了，但是两人每周五晚上一起过夜的习惯却保留了下来。为什么要结束一个如此好玩儿的活动呢？在一个周六的清晨，两个女孩儿一醒来就惊喜地发现，一夜之间，冬天的第一场雪已然铺满了整个庭院。

伊莎贝尔和阿卡迪亚在屋外玩了好几小时后，两人决定堆一个雪人。可惜的是，到了中午气温回升，雪很快就融化了。她们本来计划堆一个像阿卡迪亚的爸爸一样高的雪人，结果这个雪人比阿卡迪亚的狗狗巴克斯特还要矮小。

阿卡迪亚把一条围巾递给伊莎贝尔："你可以给它围上这条围巾，这样就算大功告成了——咱们是不是可以叫它雪宝宝？"

她们退后几步，仔细打量着这个亲手打造的雪宝宝。这时，阿卡迪亚注意到雪人的脚下有一摊水："哦，别这样，它开始融化了！"

"我就不明白了，"伊莎贝尔抱怨道，"这天气怎么可以这样，下一小会儿雪，就立马转晴升温了？"

"一定是全球变暖的缘故。等等，什么是全球变暖？"阿卡迪亚问道。

"我不知道。可能就是和地球变热有关？可怜的雪宝宝，它本可以再像样一点儿的。"

"阿卡迪亚！伊莎贝尔！吃午饭啦！"阿卡迪亚的妈妈在门廊后呼喊。

"我爸爸妈妈打算做个比萨。"阿卡迪亚告诉伊莎贝尔，"他们总是用甜品酱把它装扮成某种滑稽的样子。想不想先吃吃看，然后咱们再回来看雪宝宝变成什么样了？”

“听起来不错。”

阿卡迪亚和伊莎贝尔跑进屋里，两眼冒光地盯着比萨。它的外观被装扮得就像地球——白色的乳酪做成海洋的形状，菠菜则用来给大陆做造型。

“你觉得怎么样？”阿卡迪亚的爸爸问道。

“全球变暖是一句双关语吗？”阿卡迪亚问道，“那太好笑了，因为我们刚刚正好谈到它。”

“你是说，你终于觉得爸爸说的双关语中有句好笑的了？但不是这样的哦，这个说法要双关也是关于地壳的，‘地壳*’，懂了没？”

“哦，我懂了。这太有趣了，格林先生。”伊莎贝尔礼貌地说道，阿卡迪亚却翻起了白眼。

---

*注：此处原文为crust，同时有“地壳”和“比萨的酥皮”的意思，所以是双关语。

“你们两个刚刚为什么会讨论到全球变暖这个问题上去呢？”

“我们想着，这恐怕就是我们堆的雪人融化的原因。虽然昨晚下了雪，但现在的天气晴朗暖和。”阿卡迪亚说道。

“这就是全球变暖了吗？”伊莎贝尔一边问，一边和阿卡迪亚脱掉外套。

“不完全是。”阿卡迪亚的妈妈回答道，“而且，现在人们一般都说‘气候变化’而不是‘全球变暖’，因为那样表述更加精确。不像‘天气’，每天甚至每时每刻都在变化，‘气候’是指一定地区经过多年观察所得到的概括性的气象情况。当人们说气候在变化时，他们是从一个较长的时间维度来描述地球的天气变化的，包括具体某处的降水总量和平均气温等。”

“如果温度只变化一点儿，会有什么影响吗？”

阿卡迪亚的妈妈点点头说："当然会啦。细微的温度变化，哪怕只升温 1~2 摄氏度，都可能造成巨大影响。今天你也看到了，当气温升高的时候，雪人就开始融化。同样的事情也发生在北极和南极地区的冰盖上。"

"如果这些冰盖融化，会发生什么呢？"伊莎贝尔问道。

"当冰融化后汇入海里，就会导致海平面上升。"

阿卡迪亚的爸爸将他的食指和大拇指捏在一起："海平面上升哪怕只有一点儿都会引发全球海岸线的变化，很多低地岛屿和沿海城市会被大水淹没，实际上这种状况已经在上演了。"

当他们都在桌边坐下后，阿卡迪亚的妈妈说道："还有，如果某些地方的海水温度升高的话，那么在那里生长着的动植物可能没法继续存活，这会对整个海洋的食物链造成巨大影响。这少少的几摄氏度也能影响到我们这里的降水量，有些地区可能变得更潮湿，有的地方则越来越干燥，也就更容易出现森林火灾。温度升高会使得飓风来得更凶猛，因为它们借力于热量，而这热量来自于温暖的热带海洋。有些地方可能会更频繁地发洪水，另一些地方闹旱灾会越发严重，而这势必又会影响到农业生产，以及我们还能够吃到什么样的食物。”

“您简直吓坏我了！”伊莎贝尔说道，“为什么地球的温度在升高呢？”

“科学家们一直着眼于他们能够找到的所有相关的历史数据，他们注意到，自从人类通过诸如工厂、汽车等事物造成越来越严重的空气污染开始，地球的平均温度就一直在升高。”阿卡迪亚的妈妈回答道。

"为什么呀？"伊莎贝尔问道。

"它被称作'温室效应'，你们知道温室的工作原理吗？"

伊莎贝尔点点头："我们学校有一间小小的温室，它的窗户将光和热引进室内并将其圈存其中，因此里面的植物都长得很好。"

"对，"阿卡迪亚的妈妈说道，"问题就在于，如果大气层中的二氧化碳过多，我们的行星就会变成温室，环绕着我们这个星球的大气层天然地将热量紧锁在里面，在一定程度上这是件好事。但当我们燃烧化石燃料的时候，大量二氧化碳及其他气体被释放，这就会导致更多的热量被锁住。"

"我听说过碳足迹的说法，它和温室效应之间有没有什么关联呢？"伊莎贝尔问道。

"是的，它们当然是有关联的，碳足迹指的就是直接或间接支持人类活动所产生的二氧化碳及其他温室气体的总量。比如，你们想想自己是怎样去学校的？那些骑自行车或步行上学的人的碳足迹要比那些搭乘汽车的人的碳足迹少。”

阿卡迪亚问道：“那我们能做些什么来减少自己的碳足迹吗？”

“我们可以搭乘公共汽车而不是私家车上学，”伊莎贝尔建议道，“一辆能载四十个孩子的公共汽车的碳足迹，肯定比四十辆各自只能载一个孩子的私家车的少。”

“那当然了，”阿卡迪亚的妈妈说道，“但燃料不只是用于发动汽车，它还用于生产我们所拥有的各种物件。”

“我以前从来没想过这些，但我想，与其买一个全新的名牌足球，继续用那个已经旧了的足球肯定更有益于环境保护，更何况它们踢起来感觉都差不多。”阿卡迪亚说道。

伊莎贝尔补充道：“或许我们可以在学校发

起一个给其他孩子讲碳足迹知识的俱乐部。”

阿卡迪亚看向水果碗，注意到里边有一个贴了“生长自新西兰”的标签的猕猴桃。“哪怕是一些简易的事情，比如吃猕猴桃，也会对环境有影响。”她说道，“那只猕猴桃跨越了半个地球，才从新西兰到达缅因州，装载着它的轮船和卡车肯定耗费了不少燃料。”

“或许我们可以去学校的自助餐厅买苹果吃，这样就不用买漂洋过海的水果了。”伊莎贝尔建议道。

“你们说得很对。购买附近地区生长或制造的东西是一个不错的开始，而且这还能帮助拉动本地经济发展。我们还可以种树，树叶能吸收掉一些污染物。我们还……”

阿卡迪亚指着桌上的比萨说道：“我们还可以确保不浪费美味的食物，从农场获取配料到运往百货商店再到我们手中，可花了不少工夫呢。”

“更别提在微波炉里加热它所需的热量了。”阿卡迪亚的爸爸把切好的比萨递给大家。阿卡迪亚咬了一大口，然后笑了起来：“嗯，至少这个‘地球’的温度正好。”

过了几天，阿卡迪亚为厨房里的食物列了个清单。她检查了每样东西上的标签，以便搞明白它们究竟来自哪里。紧接着，她还调查了这些食物从它们种植或生产的地方，运到她所居住的缅因州，要经过多远的路程。她看到妈妈贴在冰箱上的待采买清单，便提议将其中一些换成本地产的食物。

阿卡迪亚还查找了一些可以帮助减少碳足迹的方法。在此过程中，她被某些事情惊到了。她从没想过，冲厕所、运输处理废水，都需要消耗能源；加热淋浴用水、输送及处理自来水的过程也是如此。阿卡迪亚了解到以下这几种活动，每种都会导致她的碳足迹增加 1 千克：

❄ 搭乘公共交通（火车或公交）进行一场80 千米的旅行；

❄ 坐一辆省油的车行驶 4 千米；

❄ 坐一架飞机飞行 3.6 千米；

❄ 让一台电脑运行 32 小时；

❄ 扔掉 10000 个塑料袋；

❄ 扔掉 40 个塑料瓶；

❄ 吃掉 1/3 个芝士汉堡。

在阿卡迪亚统计完这些之后，她的头脑里对关于如何减少自己的碳足迹有了不少主意。

食物的运输里程

我家里的食物	原产地	从原产地到我家的估算距离/千米
猕猴桃	新西兰	15000
麦恩芝士盒子	加利福尼亚州，伯克利	5150
柑橘	加利福尼亚州，德拉诺	5070
茶叶	英国	4990
咖啡	哥伦比亚	4385
香蕉	洪都拉斯	3700
玉米薄片	得克萨斯州，欧文	3060
橙汁	佛罗里达州，布雷登顿	2415
燕麦	明尼苏达州，明尼阿波利斯	2415
奶酪棒	威斯康星州，格林湾	2090
热可可	伊利诺伊州，芝加哥	1770
沙司酱	康涅狄格，韦斯特波特	440
枫糖浆	佛蒙特州，韦伯斯特	386
土豆片(爸爸的最爱)	马萨诸塞州，海恩尼斯	315
苹果	缅因州，特纳	48
牛奶	缅因州，波特兰	29

早餐俱乐部

通过"绿化*"来减少我们的碳足迹！

爸爸一定很喜欢这个双关语！

我所了解到的	我们所能做的
1台割草机造成的大气污染的程度跟11辆汽车造成的差不多。	使用无须引擎推动的割草机。我甚至看见过1台被组装在自行车上的割草机！
	尽可能把院子打造成菜园、果园，这样就不用经常割草，也可以少买远方的食物。
家里耗费的能源几乎有一半是用于加热或制冷的。	冬天的时候，把空调温度开低些，在我的房间内使用小型取暖器，或者围上一条暖和的围巾。
	夏天太阳最毒辣的时候，多在阴凉的地方待着。

*注：此处原文为Greene，翻译为"格林"，也就是阿卡迪亚的姓氏。Greene与green发音相似，所以此处翻译为"绿化"，是双关语。

我所了解到的	我们所能做的
人不在房间的时候，亮着的灯仍然在消耗能源；电器即使在不被使用的状态下也有可能消耗能源；通过电线输送的大部分电能是由燃烧化石燃料得来的。	当我离开房间的时候，就把灯关掉。 拔掉那些不使用也可能吸电耗能的电器插销，比如智能手机的充电器和游戏机，它们可是“吸血鬼”式用电器。  
大约3%~4%的能源消耗是用于搬运、清洁和处置家庭用水和废水的，这还不包括我家淋浴系统烧水所消耗的能源。平均每人每天要耗费333升的水。	用洗菜的水浇花。 装一个低流量的花洒。 刷牙或洗碗的时候千万别让水龙头一直开着。 攒够一天的碗或者一周的衣服时再启动洗碗机或洗衣机。  接住放洗澡水时，接住水管中流出的凉水。

（续）

我所了解到的	我们所能做的
1个玻璃瓶需要至少1000000年才能降解。	不要买瓶装饮料，我们可以自制饮品。
	尽可能回收利用一切。设立每周只扔1个垃圾袋的家庭小目标。
我们平均每人每天使用1~2根塑料吸管。	倡议学校停止分发带塑料吸管的纸盒装牛奶。
	我们在餐厅买饮料时尽量主动拒绝塑料吸管。
大约13%的垃圾填埋物都属于塑料类。	不要买塑料瓶装水，买那种挤压式的、可重复装水的瓶子。
	在学校吃午餐时，使用可重复使用的餐具，尽量不产生任何垃圾。

新的科学词汇

大气圈

地球的外面包围的气体层，也叫大气层。

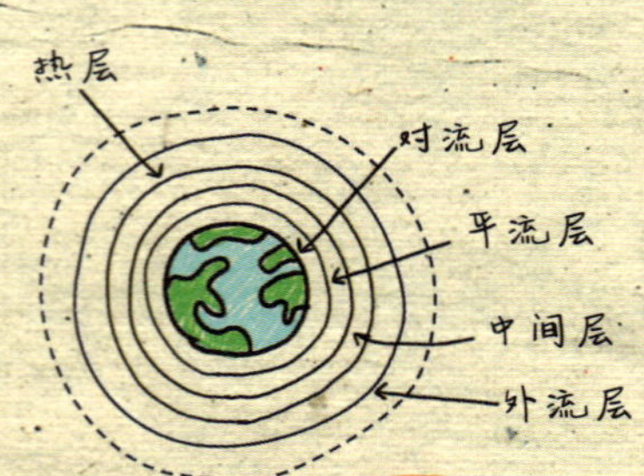

碳足迹

企业机构、活动、产品或个人通过交通运输、食品生产和消费以及各类生产过程等引起的温室气体排放的集合。

汽车行驶消耗汽油，燃烧大量的化石燃料。车越大，排放的二氧化碳可能越多！

化石燃料也被用于制造自行车哟！

气候

一定地区里经过多年观察所得到的概括性的气象情况。它与气流、纬度、海拔、地形等有关。

气候变化

地球气候的周期性变化是由于大气的变化以及大气与地球系统内其他各种地质、化学、生物和地理因素之间的相互作用而产生的。气候变化包括全球变暖，导致海平面上升，比如格陵兰岛、南极、北极等地的冰川融化，还导致植物的花期的改变和极端天气活动。

新的科学词汇

化石燃料

古代生物遗体在特定地质条件下形成的，可作燃料和化工原料的沉积矿产。包括煤、油页岩、石油、天然气等。

燃料种类	燃烧每升燃料二氧化碳排放量／千克
汽油	2.3
柴油	2.63

全球变暖

由于人类活动导致大气中温室气体增加，从而使全球尺度上气温升高的现象。

温室效应

指大气保温效应，即大气中二氧化碳、甲烷等气体含量增加，使地表和大气下层温度增高。

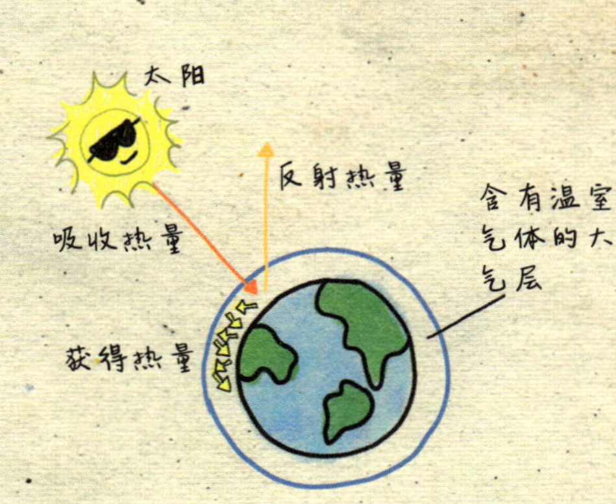

生产1千克食物，需要消耗多少升水？

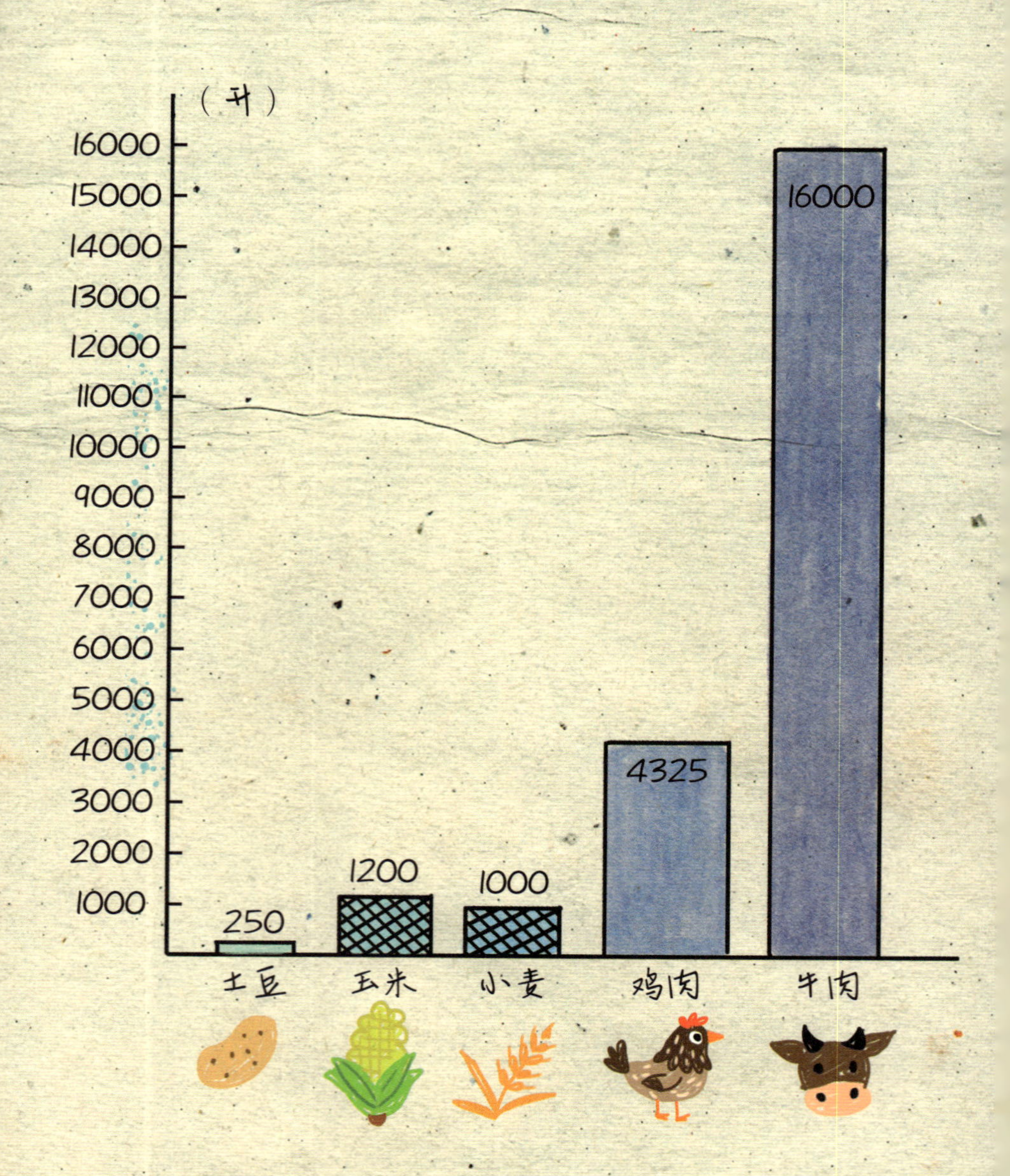

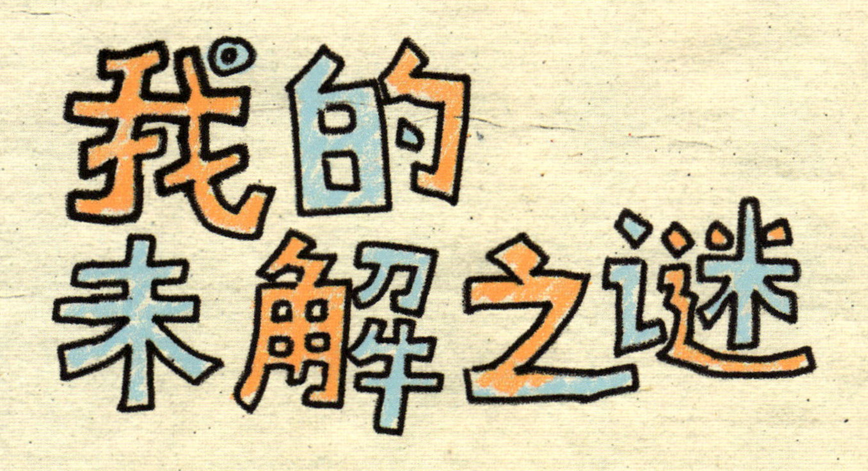

- 从前没有公路或超市的时候，人们是怎样获取食物的呢？他们在冬天的时候吃什么呢？

- 如果我多吃本地产的食物，能多大程度减少我的碳足迹呢？

- 为了减少碳足迹，我还能做些什么呢？

为什么气球可以飘浮

当最后一个来参加阿卡迪亚 11 岁生日的宾客走出家门后，阿卡迪亚跑进厨房。

“这真是一次好玩儿的聚会。”阿卡迪亚的爸爸把地上的包装纸捡了起来。

阿卡迪亚弯下腰，伸手去捡那些散落在桌下的包装纸。“我喜欢那个装饰得像足球的蛋糕，”她说道，“这真的很酷。”

“好吧，‘真正酷’的是我们用生命追求的东西。”她的爸爸说道，“那么，你有感觉自己变得更加成熟睿智吗？11 岁是个很棒的年纪，不是吗？”

“我想想，我可能觉得……我也不知道，可能我也有同样的感觉吧。”

“你的感觉是怎样的？”

“可能更加聪明了一些吧。”

“你确实很聪明，我的小朋友。”

“有的时候我也觉得是这样的。但我不知道的东西还有很多。”阿卡迪亚坐着的那把椅子上系着一只氦气球，她把气球拽了下来，又看着它飘上去。“你看，我就不明白这个气球为什么可以飘在空中。”

“这个好说。你有大把的时间可以用来钻研事物的原理。况且，如果一切都是一致的，那生活不是会很枯燥吗？”

“我想是的。”阿卡迪亚嘟囔了一句。她再次把气球拉下来，又盯着它飘回到天花板。“好吧，爸爸，不过说真的，气球到底是怎么飘起来的？”

“你真的想知道吗？”

这时阿卡迪亚的妈妈走进了厨房。“这次聚

会很开心哪！”她说道，“你能邀请约书亚来可真是太好了。”

“接着夸我吧，妈妈，毕竟我变得更聪明了。”

“那或许你可以解答自己的困惑。”阿卡迪亚的爸爸说道，“想想看，我们把这种气球叫作什么？”

“这个是氦气球。”

“我们为什么这样称呼它呢？”

“因为它里面装的都是氦气，罐车里装的也是这个，对不对？”

“是的，那么氦气球和普通气球的不同之处在哪里？”

“这个简单。普通气球里边装的是我们平常呼出的气体。但我还是没明白为什么氦气球可以飘起来。”

“好吧，那你知道氦气球的平均密度要比空气的密度小一些吗？”

“等等！什么是密度？”阿卡迪亚皱起了眉头。

“每种物质都有自己的密度。”她的爸爸补充说，“物质在不同的状态下，密度也许会有所不同，这是因为……”

“爸爸，我现在才 11 岁，可没有 30 岁。用我们小孩儿能理解的方式解释它吧，‘蜜度’是什么意思呢？有多甜？”

“不是蜜度，是密度。密度是物质的特性之一。”

“物质？好吧，我们又遇到了一个新的名词。”

“不错，在学习一个知识的时候往往还会学到别的新知识。”爸爸点了点头，伸手在空气中挥了挥，“空气是一种物质，氦气球里的氦气是另一种物质。”

“我以为空气就是空气罢了。”

“不全是！一切物质都是由分子和原子构成的。”

“等一下……也就是说我们也是由分子和原子构成的？可是我和空气、氦气不一样呀？”阿卡迪亚捏了捏自己的手，又在空中捏了捏空气。

“我们当然是不一样的，因为我们由不同的分子和原子构成。”爸爸指了指飘着的氦气球，“氦气球里的氦气是由氦分子（由于氦是单原子分子，也可以叫氦原子）构成的。空气的组成稍微复杂一些，它的大部分是由氮分子构成的氮气和氧分子构成的氧气组成的。”

“啊，完全没听说过呀。”

“你只是没有注意罢了，你听说过 H_2O 没有？”

“听过的，就是水呀！”

“是的。水被称作 H_2O，就是因为水是由水分子——H_2O 构成的，而水分子又是由 2 个氢原子和 1 个氧原子构成的。一个水分子小到你的肉眼根本看不到，但是无数个水分子聚在一起，就是看得见摸得着的水了。”爸爸似乎有些意犹未尽，他想了想，开口道，“你还记得我们之前计算碳足迹的时候提到的二氧化碳吗？二氧化碳气体就是由 CO_2 分子构成的哟。”

“有太多要学的东西了，好吧，现在让我按照我自己理解事物的方式，把刚刚这些都捋一遍。”阿卡迪亚挠了挠头，“虽然我们看起来很大，但是其实我们都是由很小很小的分子和原子构成的，而且不同的分子和原子构成了不同的物质，所以大家都是不一样的。”

“是的，可以这么理解。”

阿卡迪亚把氦气球拉下来，然后看着它升回原处：“可是这和最开始说的密度有什么关系呢？”

“当然有关系啦，因为密度是物质的特性之

一。一般来说，不同物质的密度是不一样的。所以……”

“所以，氦气球里，氦气的密度和空气的密度是不一样的！”

“回答正确！”爸爸夸张地鼓了鼓掌，“密度是单位体积中所含物质的质量。”

“什么意思？”

“简单的解释就是，同样体积的东西，质量越大，它的密度就越大。”爸爸又指了指氦气球，“氦气球的密度比空气的密度小，所以氦气球可以飘在空气中。”

阿卡迪亚看着气球，琢磨起来有哪些同样可以浮起来的事物。“我有点儿明白了……但小船又是怎样浮起来的呢？有些船是用铁做的，同样体积的铁的质量肯定比水大，那么铁的密度肯定比水要大。”

“这个问题的答案也正是氦气球能飘在空中

的关键。在这儿等我——我很快就回来。”

阿卡迪亚的爸爸朝着楼下的仓库走去，阿卡迪亚和妈妈听见他在底下搞得砰砰响。阿卡迪亚翻了个白眼，妈妈却满脸微笑，好像已经预料到丈夫一会儿会做些什么。只见阿卡迪亚的爸爸带着一只塑料桶和一个带密封软木塞的空玻璃瓶子回到了楼上，他给塑料桶接了一些水，把它放在地板上，然后把瓶子按进桶中，瓶子很快回到水面。“哇！”他惊呼起来。

阿卡迪亚有点儿不知所措：“它浮起来了。为什么这很重要？”

“因为这个玻璃瓶的密度比水的密度要大，然而不管怎样瓶子都会浮起来。”她爸爸说道，“奥秘就在于瓶子里的空气。空气的密度要比水的密度小得多。虽然玻璃瓶的密度比水的密度大，但是玻璃瓶的密度和瓶子里的空气的密度平均一下，就比水的密度要小了。所以玻璃瓶可以漂浮在水上。”

“那是不是说，如果我们往瓶子里加水，瓶子的平均密度就会变大，那这个瓶子会不会就浮不起来了呢？”阿卡迪亚问道。

“想得很好。让我们来试试看，看能不能弄明白这回事。”阿卡迪亚的爸爸说道。

当他们在瓶子里加了少量水时，瓶子仍然浮着，但露在水面上的部分变少了，当阿卡迪亚把水加到瓶子的一半时，露在水面上的只有瓶颈部分了。

随后，阿卡迪亚把瓶子加满水，并且把它密封了起来。“我认为我们可以一起猜猜看瓶子将会发生怎样的变化。”她微笑着把瓶子放进桶里。毫无悬念，瓶子瞬间就下沉了，当它到达桶底时，还发出了清晰可闻的撞击声。

“那么，让我们回到气球的问题上来。”阿卡迪亚的爸爸把氦气球从天花板上拽下来，然后又让它飘回去。“这只氦气球是用金属箔做的，金属箔的密度比空气的密度大，但氦气球里充满了氦气，而氦气的密度又比空气的小，那为什么气球会飘浮在空气中呢？”

阿卡迪亚想了想她刚才看到的玻璃瓶实验：“因为金属箔和氦气的平均密度比空气的密度小，所以氦气球的平均密度就比空气的密度小了，它就飘起来了。”

阿卡迪亚的爸爸妈妈都微笑着默不作声，阿卡迪亚接着说：“等等，我还没太搞清……”她揪着氦气球，在脑子里想象着在未来数天里它会变成什么样子——它会缓慢地释放掉氦气，最终掉落到地面。“这就是为什么氦气球放气时会下落，”她说道，“当氦气球的密度比空气的密度大了，它就不再飘浮了。”

阿卡迪亚的爸爸说：“太棒了！我觉得你的 11 岁一定是与众不同的 11 岁。”

阿卡迪亚抬头看着五彩斑斓的气球说：“我也觉得！”

阿卡迪亚决定要用气球做一次研究。她想看看，能否通过往气球里增加空气，让它不上不下地刚好停在天花板与地板之间，爸爸说这种状态叫作悬浮。

我的悬浮实验

我的问题： 我能不能使气球达到悬浮状态？

研究： 悬浮状态可以达成的条件是，气球的平均密度与空气的平均密度相等。

我的实验方法： 首先，我用气球的飘带系住一个纸杯，但它太重了，于是我对杯子进行修剪，可它又太轻了。因此我试着往杯子里加不同的材料，我发现棉球的效果最佳，因为它很轻，能让气球和纸杯的平均密度变小，同时又很容易捏得更小些。爸爸说这看起来像个热气球，他在纸杯上画了一个卡通小人。在悬浮状态时，气球刚好和我的视线平齐，它环绕屋子飘浮着，看起来就很酷！

新的科学词汇

物质

是由分子和原子构成的。

氢气，由氢分子构成——H_2

氦气，由氦原子构成——He

氧气，由氧分子构成——O_2

金，由金原子构成——Au

铂，由铂原子构成——Pt

原子

组成单质和化合物分子的基本单位，是物质在化学变化中最小的微粒，由带正电的原子核和围绕原子核运动的电子组成。

一只金戒指有超过6000000000000000000000个原子！

分子

分子是保持物质特有化学性质的最小微粒。稀有气体由原子组成，习惯上，也称此基本微粒为单原子分子。

一个水分子 H_2O

2个氢原子+1个氧原子

水分子的放大图示：

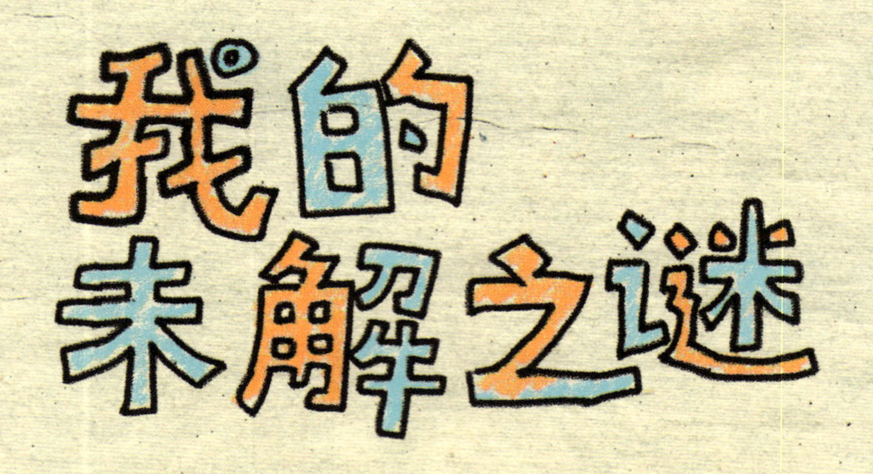

- 巨大的巡航船是如何能够漂浮在水上的？爸爸让我去了解一下阿基米德原理。他说这是一个古希腊人在洗澡的时候研究出来的科学原理。这是多任务同时执行吗？

- 其他行星上的物质和地球上的一样吗？

- 元素周期表是按照什么顺序排列的？

世界上飞得最远的纸飞机

在上床睡觉之前，阿卡迪亚拉开了窗帘，这样她就能在晚上看见下落的雪花了。逆着街灯的亮光看去，雪下得又大又急。她希望这场雪能这样下一整晚，而结果还真的如她所愿了。早上她收到了学校暂时停课的通知，开心得不得了。后来，又得知伊莎贝尔和约书亚可以和她一起待一整天，她更是激动无比。

砌雪堡、丢雪球，就这样在大雪中玩耍了好几个小时后，孩子们跑回屋内准备吃一顿绝佳的午餐。

“吃完饭后你们想去做什么呀？”阿卡迪亚问朋友们，“我们是继续在外面玩，还是看个电影？”

阿卡迪亚的爸爸在他们面前放了一盘烤奶酪三明治。他似乎有所期待地倡议道："我还想着或许我们可以来一场纸飞机竞赛呢。"

"这个听起来好好玩儿！"约书亚说道。

"肯定的啦！"伊莎贝尔也接话道。

格林先生突然跑开了。就在孩子们还在扒拉三明治的时候，他抱回了一堆各种大小、不同厚度的纸。他问道："你们是想直接开始做，还是想让我先给些小建议呢？"很显然，大家都看出来他按捺不住想要出谋划策了。

"我想听听建议，来吧。"伊莎贝尔回答说，"我对折纸飞机一无所知，除此之外，我也从没见过它飞。"

"那么先让我看看你们是怎么折纸飞机的。"阿卡迪亚的爸爸说道。

每个人都动手折出了一个纸飞机，还试着飞

了飞，但没有哪个飞得很远——尤其是伊莎贝尔的，很快就落在距她大约 30 厘米外的地上了。

“看到了吧？我真的对纸飞机知之甚少。”伊莎贝尔说道。

“好吧，首先你需要了解的最重要的地方在于，飞纸飞机得有一个合适的高度。”阿卡迪亚的爸爸笑着对几个小家伙说道，“你们看到我是怎么做的了吗？我强调的是高度而不是态度，这个高度是指物体和地面的距离。”

阿卡迪亚摇摇头：“爸爸，大多数人是不讲双关语的。”

“好吧，好吧，看来你对重力这回事掌握得明显不够。”阿卡迪亚的爸爸为他自成一派的幽默感到得意。

“老爸，”阿卡迪亚小声说道，“你这样让我有些尴尬。”

“好吧，现在我要认真起来了，我来说一说

纸飞机和空气动力学的关系。”

“这也是一句双关语吗？”约书亚问道。

阿卡迪亚的爸爸咧嘴而笑，摇了摇头：“不是哟。空气动力是帮助飞机在空中飞行的，伊莎贝尔，我记得你对重力理解得很到位，请你跟大家解释一下什么是重力。”

“嗯，你们看到我的飞机骤降了吧，那个就是因为重力。”伊莎贝尔笑了起来，“它就是一种将物体拽向地球的力。”

“很对。”阿卡迪亚的爸爸说道，“因此你们可以好好地设计飞机的机翼，这样就能产生一种升力，从而对抗重力。”他快速地折出一只自机身向外延伸出巨大机翼的纸飞机。“重力拽着飞机往下，因此你们要尽可能给你们的飞机制造升力。”

“那多大的机翼才算合适呢？”伊莎贝尔问道。

“得找一个合适的尺寸。如果机翼太大，

就会产生过大的阻力，这会让你们的飞机飞得很慢。”

三个孩子面面相觑，看起来困惑极了。“麻烦解释一下阻力是什么吧。”阿卡迪亚说道。

“好呀！”阿卡迪亚的爸爸说道，“阻力就是妨碍物体运动的力。大气是由分子构成的，一切物体要想在大气中移动，就必须不断挤开那些妨碍到它们运动的分子，而这个过程就会产生阻力，物体越大，它和空气接触的面积就越大，它为了持续运动所需要克服的阻力也就越大。”

“那个……爸爸，今天学校都不上课的。”阿卡迪亚咕哝道。

“别扫大家的兴，阿卡迪亚。”约书亚对阿卡迪亚的爸爸调皮一笑，打趣道。

“好孩子，约书亚。”阿卡迪亚的爸爸和他响

亮地击了个掌，然后说道，“你们想想看，比起在几乎静止无风的情况下走路，在强劲的大风中行进要困难多少？你们想过这是为什么吗？这是因为，风中有无数个分子在阻碍着你们的脚步。现在，想象一下你们正跑得非常快，但你们跑得越快，你挤开阻碍你行进的空气所要遭遇的阻力就越大，当它达到某个程度时，你们就没法跑得更快了。”

“等等，既然我们不能把机翼做得太大，那我们怎样才能获得升力呢？”伊莎贝尔问道，“我们可以放一台风扇来帮助飞机在空中飞行吗？”

“不行哟，这可就是作弊了。大的机翼可以让飞机获得升力，但带来更大升力的同时也带来了更大阻力，而好的设计可以让飞机既获得升力又减小阻力。这个说起来容易，做起来可就难啦。这就是在空气动力学的基础上再深入研究的问题了。空气动力学设计所追求的无非是在最小的阻力和动力的条件下获得最大的升力与速度。”

“先停一下，爸爸，”阿卡迪亚说道，“动力又是什么？”

“动力就是能让飞机向前行进的力。一架真正的飞机是通过引擎来获得动力的，而你们的纸飞机获得的动力，则靠你们把飞机扔出去的那个瞬间获得一个向前的速度。”

“这部分有些意思。”约书亚说道。

“还有个好玩儿的环节，那就是折纸飞机。这些纸的重量和尺寸都不一样，当你们开始动手设计的时候，别忘了考虑阻力和升力哟。”

“我们现在可以开始了吗？”约书亚的手已经伸向了一张他看见的最轻的纸。

“等等，抱歉，阿卡迪亚，或许我应该说一句，‘力’与你同在。”

直接无视掉这无休止的双关打趣，阿卡迪

亚、伊莎贝尔和约书亚都开始折纸并试飞。桌子上堆满了因制作失败而被抛弃了的纸飞机，而每一次失败的设计，都是他们从错误中学习的证明。到了比拼的时候，三架纸飞机看起来完全不同。约书亚的小而轻，阿卡迪亚的机翼很大，而伊莎贝尔的有一个长长的尖头。

“好，这个就是起跑线。”阿卡迪亚的爸爸说道，同时在地上放了一根准绳。“在你们把飞机掷出去以前，请先解释你们在设计时的想法。”

“我先来。”约书亚说道，“我尽可能把飞机做得很轻，希望这可以增加升力。”约书亚缩回手臂，然后快速地把纸飞机掷出去，它几乎穿越了半个厨房那么远，大家都鼓起了掌。

“想法不错。接下来谁来？伊莎贝尔？”

“好。我是想让它符合空……那个词怎么说来着？”

“空气动力学。”

“是的，我想要让它符合空气动力学，所以我把它弄得尖尖的，想着这样做或许可以帮助它穿过空气。我用的纸也是有点儿轻的，不过并不是太轻，想着这兴许也会有帮助。”

“你为什么不用太轻的纸呢？”阿卡迪亚的爸爸问道。

“我用薄页纸试过了，可它根本不按我掷出去的方向走，我心想，太重的纸阻力又太大了，中等重量的纸看起来好像效果最好。”伊莎贝尔往后缩起手肘投掷纸飞机的时候看起来有些紧张，但她的纸飞机飞得很快，径直飞到厨房较远的那面墙上了。伊莎贝尔跑过去把它捡回来，每个人都为她欢呼。

“干得漂亮！排在最后一个但同样令人期待的是——我的宝贝女儿，阿卡迪亚。”

“我决定在风格上做出更多尝试。当我掷纸飞机的时候，它会表现得有点儿酷哟。我想的是，大机翼可以捕获更多空气，因此它是可以旋转的。”阿卡迪亚朝着天花板的方向高高地把纸飞机掷出去。在它下落时，果然飞速旋转起来，快到大家甚至看不清机翼的翻转。

“它飞得不算远，但看起来相当灵巧。”阿卡迪亚的爸爸说道。

“再来一次吧，阿卡迪亚，它真的好酷！”约书亚说道。

阿卡迪亚把纸飞机捡起来，将它朝着天花板更加用力地掷出去，它转得更快了。“我们可以再做一架吗？”阿卡迪亚问道。

“当然可以。你们还可以试着换种方法再做一架纸飞机。”阿卡迪亚的爸爸回答道，“方法，懂吗？”

阿卡迪亚翻了个白眼，又朝着爸爸笑了一下：“你知道别人是怎么说的吗？‘你说双关语的时候，可真是时光飞逝呢’。”

探索一番后，阿卡迪亚的爸爸又为小家伙们做了一架纸飞机。他解释道：“这架纸飞机保持着纸飞机飞行距离的世界纪录——69.14 米。”

他们每个人都试掷了一下，但它飞得实在太远了，大家得把它拿到室外试飞，才能精确地测量。虽然孩子们的成绩都没能接近世界纪录，但这次飞行经历令人难忘。阿卡迪亚把制作纸飞机的步骤写了下来，画了分步草图，还将“世界上飞得最远的纸飞机”做了副本，记录在了她的科学笔记上。阿卡迪亚还绘制了和朋友们一起想出来的一些纸飞机设计草图。她觉得这些他们原创的图纸真是棒极了！

怎样制作世界上飞得最远的纸飞机

1.找到一张纸的短边，让这条短边与左侧的长边完全重叠。

2.折出折痕后，打开。

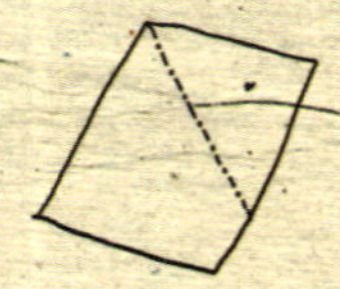

3.再让这条短边与右侧长边完全重叠。

4.压出折痕后，打开。

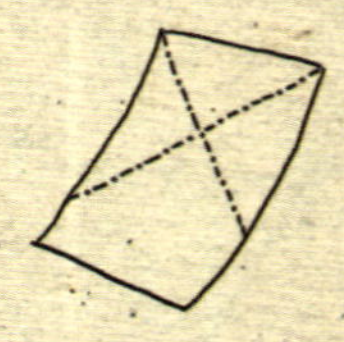

5.翻折右上角，使得右侧边与在第2步中弄出的折痕完全重叠。

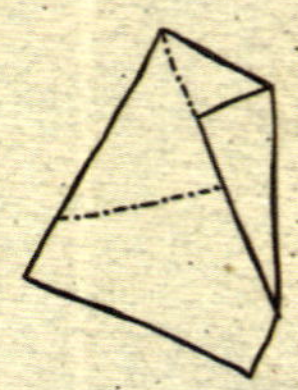

6. 压出折痕后，打开。

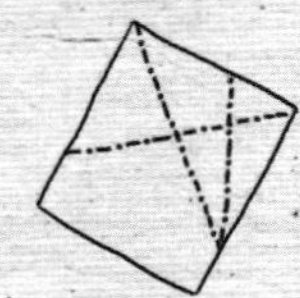

7. 翻折左上角，使得左侧边与在第4步中弄出的折痕完全重叠。

8. 压实。

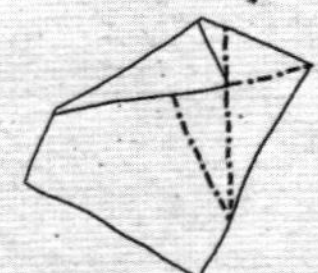

9. 重复第5步。

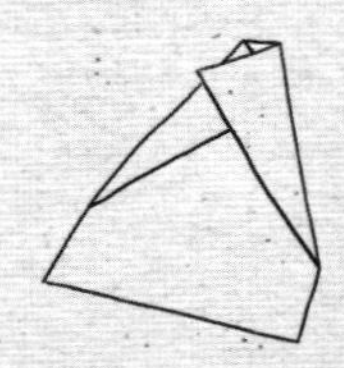

10. 将最短的边命名为A，把两个角折叠后，左右两条边相交的点命名为B。

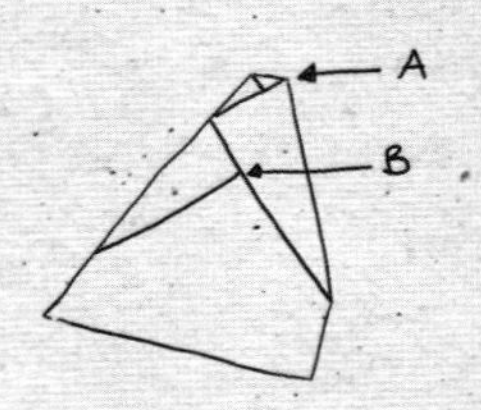

11. 将短边A按照中心点B所处的水平位置，朝着你这个方向的边线对叠，保持折叠状态。

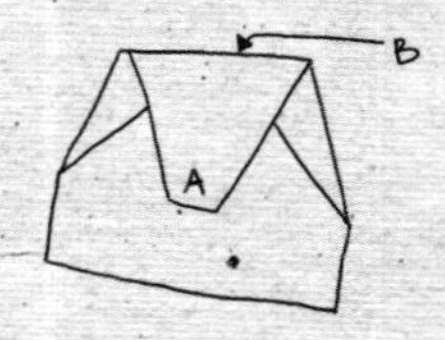

12. 将现在作为右上角的部分翻折到你在第2步中弄出的折痕，然后沿着折痕C弄出明显的折痕来，并保持折叠状态。

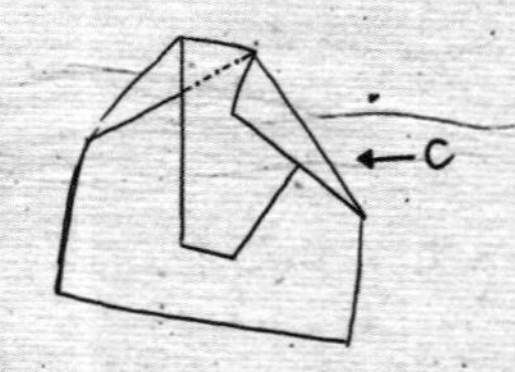

13. 在左上角重复第12步，沿着你在第3步中弄出的折痕，弄出折痕D。

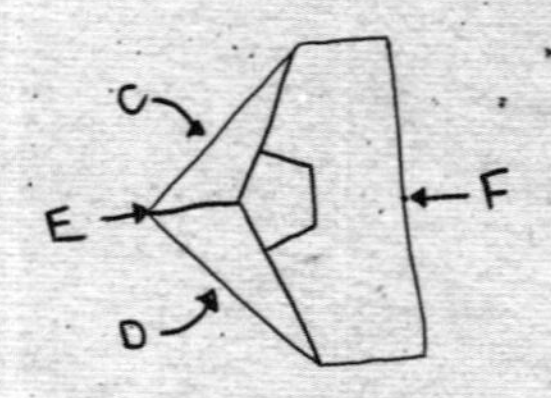

14. 将整张纸翻转过来，根据点E和点F，将这张纸的两条长边向上对半翻折在一起，这样机翼就做成了。

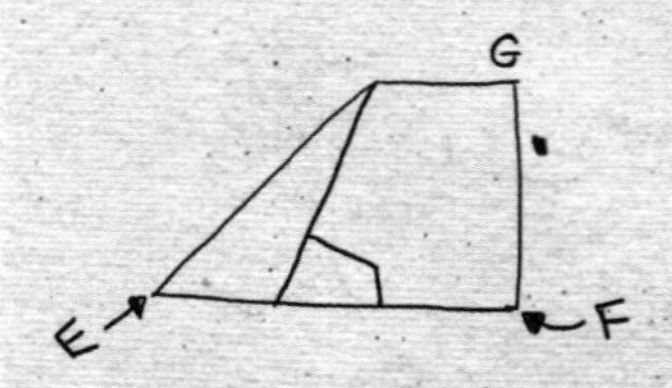

15. 将一根手指抵在飞机的尖角E处保持固定，再将机翼向下翻折，使得点G与点F重叠。

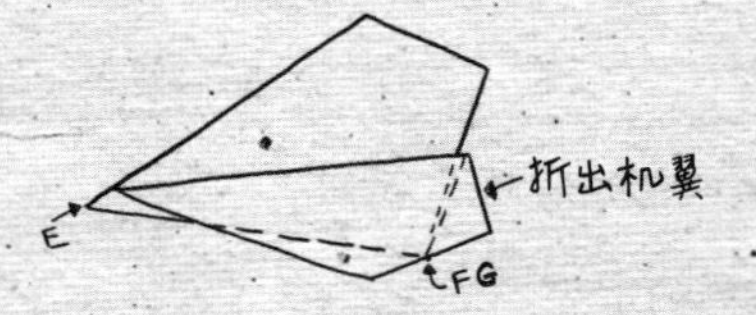

16. 对另一侧的机翼进行同样的操作，确保它们大小一致。

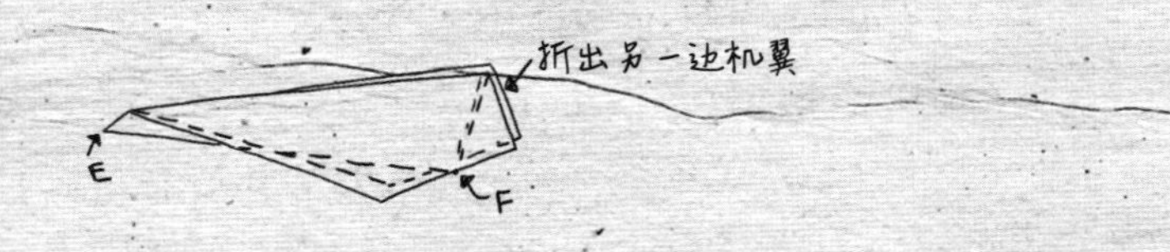

17. 捏住飞机的顶尖和……
18. 放飞它吧！每次试飞完，可以调节一下机翼的角度，直到呈现完美状态。

我们的纸飞机设计

新的科学词汇

空气动力学

流体力学的分支学科，主要研究空气运动以及空气与物体相对运动时相互作用的规律，特别是飞行器在大气中飞行的原理。

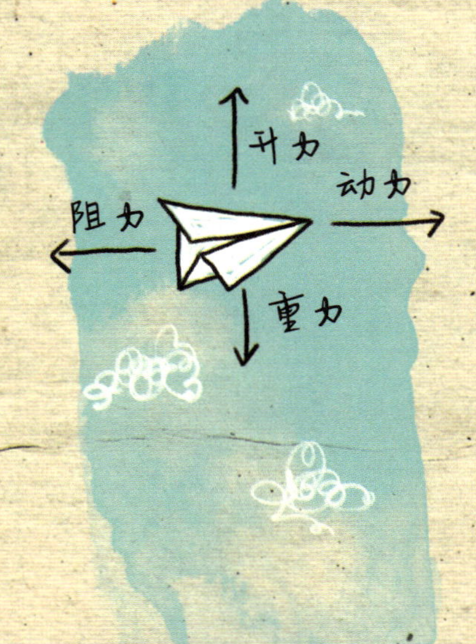

阻力

妨碍物体运动的力。

升力

空气和物体相对运动时，空气把物体向上托的力。

动力

使机械做功的各种作用力，如水力、风力、电力、畜力等。

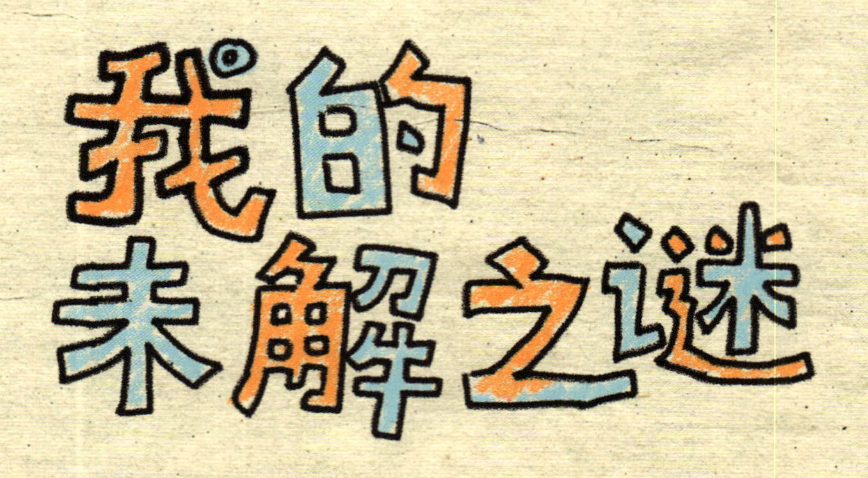

- 如果我用不同类型的纸，按照“世界上飞得最远的纸飞机”的折叠方法折叠，哪种纸折出的纸飞机飞行效果最好呢？

- 一架真正的飞机是怎么做到在大气中长时间飞行的？这和船能浮在水面上的原理一样吗？

动物在冬天怎样存活

阿卡迪亚下了校车，走到了铺满积雪的人行道上。冷风拍打着她的脸蛋，她赶紧把背包拉到身前，从前面的口袋里找钥匙，但钥匙并不在里面。

“别是我忘带了吧？”她疯了似的在大衣兜里翻找了一圈，又嘟哝了一句。

阿卡迪亚只好把衣服拉链一直拉到下巴，朝着手哈热气，想要获得一丝暖意。然而她能看见的，只有自己急促的呼吸所形成的一团小小的冰雾。她意识到自己得找个暖和的地方。走到约书亚家可能是最不费劲的选择，但阿卡迪亚决定用另一种方式来应对。

“动物们可是整个冬天都在野外过活呢，还

有二十分钟妈妈就到家了，我可以坚持下去的。”阿卡迪亚喃喃自语，然后一屁股坐在了门前的台阶上。

她缩着坐在台阶上，注意到光秃秃的大枫树上一片叶子也没有，继而将目光转向院子里坚硬洁白的积雪，上面看起来很适合溜冰。她还看到了巴克斯特留在人行道上的爪印，以及路人走过时踩下的鞋印。她仔细听着大风强有力的呼啸，却发现除此之外，没听见什么别的声音了，甚至连一声鸟叫都没有。看着这空荡荡的院子，她心想：小动物们都去哪儿了呢？

阿卡迪亚知道有些鸟会飞往更温暖的南方或到食物更多的地方过冬，那其他小动物去哪儿了呢？生活在水池里的青蛙呢？春天、夏天和秋天时曾在院子里来回蹿跳，逗得巴克斯特狂吠的松鼠和花栗鼠呢？炎炎夏日在花间飞舞的蜜蜂又去了哪里呢？她低头瞄了一眼自己松松垮垮的外套，这是她御寒的唯一装备了。她都觉得这么冷，那其他的动物又是怎么挨过冬天的呢？

阿卡迪亚走向那棵大枫树，想找找看还有没有其他生命留下的痕迹，但除了裸露的枝杈中间伫立着的那个空鸟窝，树上真的什么都不剩了。至于动物的声音，除了巴克斯特透过厨房的窗户看向她的时候发出的几声微弱的吠叫，也没有别的了。她起身往家走去，看到了妈妈的车。

“妈妈，您回家还挺早的。”

妈妈手里拎着一串钥匙：“你忘了这个。我是提前下班回来的。我担心天寒地冻的，你得在外面等着，结果还真是这样。”她把手搭在阿卡迪亚的肩膀上，“你为什么不去约书亚家，非要在外面等着？”

“妈妈，小动物们都去哪里了？”

“什么意思？”

“外面可真冷，动物都是怎么生存下来的呢？”

阿卡迪亚的妈妈打开门，她们一起走向厨房。“动物有各种各样的生活方式。”妈妈说道，“有的动物冬天会离开这里，去别的地方。候鸟和一些蝴蝶就是这样的。”

“你的爷爷奶奶也这样，每年十一月的时候他们会离开缅因州，去佛罗里达州度过整个冬天，然后在第二年的四月，天气回暖的时候再回到这里。”

“这个做法很明智。”

“但那些留在这里的动物要怎么存活呢？”阿卡迪亚把外套脱了下来，坐在餐桌旁。

妈妈在她旁边坐下来：“有些动物会冬眠。”

“我知道熊会冬眠，那其他的动物怎么过活呢？”

“不只有熊会冬眠，像蝙蝠、龟、蛇、青蛙等，它们也会冬眠。”

“青蛙？跟我讲讲青蛙吧！”阿卡迪亚喊道，她想起了自己在秋天的时候，给当地的管理部门写过一封关于保护青蛙池塘环境的信。

阿卡迪亚的妈妈笑了起来：“青蛙会找一处绝好的藏身之所——天敌和糟糕的天气都影响不到它们的那种地方——然后进入冬眠状态，直到来年春天。”比如牛蛙会在池塘底下的泥巴里挖洞蛰居，蟾蜍则在霜冻线以下松软的土地里挖掘洞穴。还有的，比如树蛙和春雨蛙，会钻进石块的裂缝里或躲在枯枝败叶下来隐藏自己，然后它们的机体作用会变得相当缓慢，这样几乎不会消耗什么能量，它们就能靠自己储存的能量度过漫长的冬天了。”

“什么是机体作用？”

“比如呼吸和血液循环。”

“它们会冻僵吗？”

“不会完全冻僵。它们的皮肤及浅表组织可能会冻结，但它们的血液就好像防冻液，防止它们的器官被冻得僵硬。一部分青蛙可能会停止呼吸，心脏也可能会停止跳动，可一旦解冻，它们就会恢复活力！”

阿卡迪亚短暂地陷入了沉思。“树有点儿像青蛙。”她说道，“落叶乔木会掉叶子，一切都慢下来的时候，就有利于存活。想想外面到处都是这些沉睡的、半冻结状态的树木和动物，似乎有点儿瘆人呢。”

“有些动物一直醒着，比如蜜蜂，但整个冬天我们也不会见到它们。它们会待在自己的蜂巢里，食用储存的蜂蜜。蜂巢里住着成千上万只蜜蜂，它们移动所产生的能量可以使整个蜂巢保持温暖。”

“显然冬天对于动物们来说是个不太寻常的时间段，为了存活下去，它们不得不做出许多调整，而我们人类唯一的不同就是穿着厚实的大衣。”

“但我们光有大衣也不够呀，我们还需要温暖的房子来生活。下回你要是又不记得带钥匙，一定要去约书亚家呀。”

“好啦，我会的。我只是想看看不得不生存下去是一种什么样的感受。太冷了！”

“当然，不是所有物种都能挺过冬天的，你听过‘物竞天择’这个词吗？”

“听过，它和适应性有关，最能适应环境的动植物也最有可能存活下去，冬天所发生的不正是这种情况吗？那些不太能适应环境的物种，是不是更容易死去？”

“通常来说是这样的。举个例子，白尾鹿的皮下会储存较多的脂肪，这有助于它们在低温少食的冬天存活下去。绝大多数能够较好适应环境的动物，往往会在夏秋两季寻找食物，囤积脂肪。鹿在找寻食物的时候不那么迅猛突出，因此囤积的脂肪也不够多。”

“那鹿会饿死吗？”

“动物之间围绕食物存在许多竞争，最强健敏捷的往往能够活下来。”

“这对于弱势的一方来说可真是糟糕透了。”阿卡迪亚惋惜地说道。

“确实是这样的，但这也意味着只有那些适应能力最强的鹿可以繁衍后代，还记得我们曾讨论过基因吗？健壮敏捷的双亲才会哺育出同样健壮敏捷的幼鹿。”

“这就是‘物竞天择’这个说法的缘由吗？大体上就是自然在选择物种的生死存亡。这对于弱势群体来说的确很惨。”

“人类也是动物，但和那些生长在野外的动物们比起来，我们可真是幸运多了。”

“我们的确幸运多了，我们不仅有厚实的大衣、暖和的房子，还有……”阿卡迪亚向妈妈挑了挑眉毛，“我们还有热巧克力。”

“我们还有棉花糖。”阿卡迪亚的妈妈伸手取了两个杯子，还有那个装着棉花糖的袋子，扔给阿卡迪亚一颗松软的棉花糖。

阿卡迪亚把它丢进嘴里：“哇，室内比外面可真是好太多了！”

过了几天，一场新雪过后，阿卡迪亚和妈妈来了一次冬日漫步。她们寻找了各种生物留下的痕迹。阿卡迪亚的妈妈告诉她，这些痕迹能透露出许多信息。阿卡迪亚拍下了这些痕迹，留作参考。

回到家后，阿卡迪亚挨个儿在这些照片上写了注解，添加到了她的科学笔记中。

动物足迹

这一定是鹿的脚印，因为这个脚印的前端稍微有一些分开，我想可能是一只小鹿在路上逗留了一会儿。雪地里的这团淡黄色，可能是小鹿站在那里撒了泡尿。

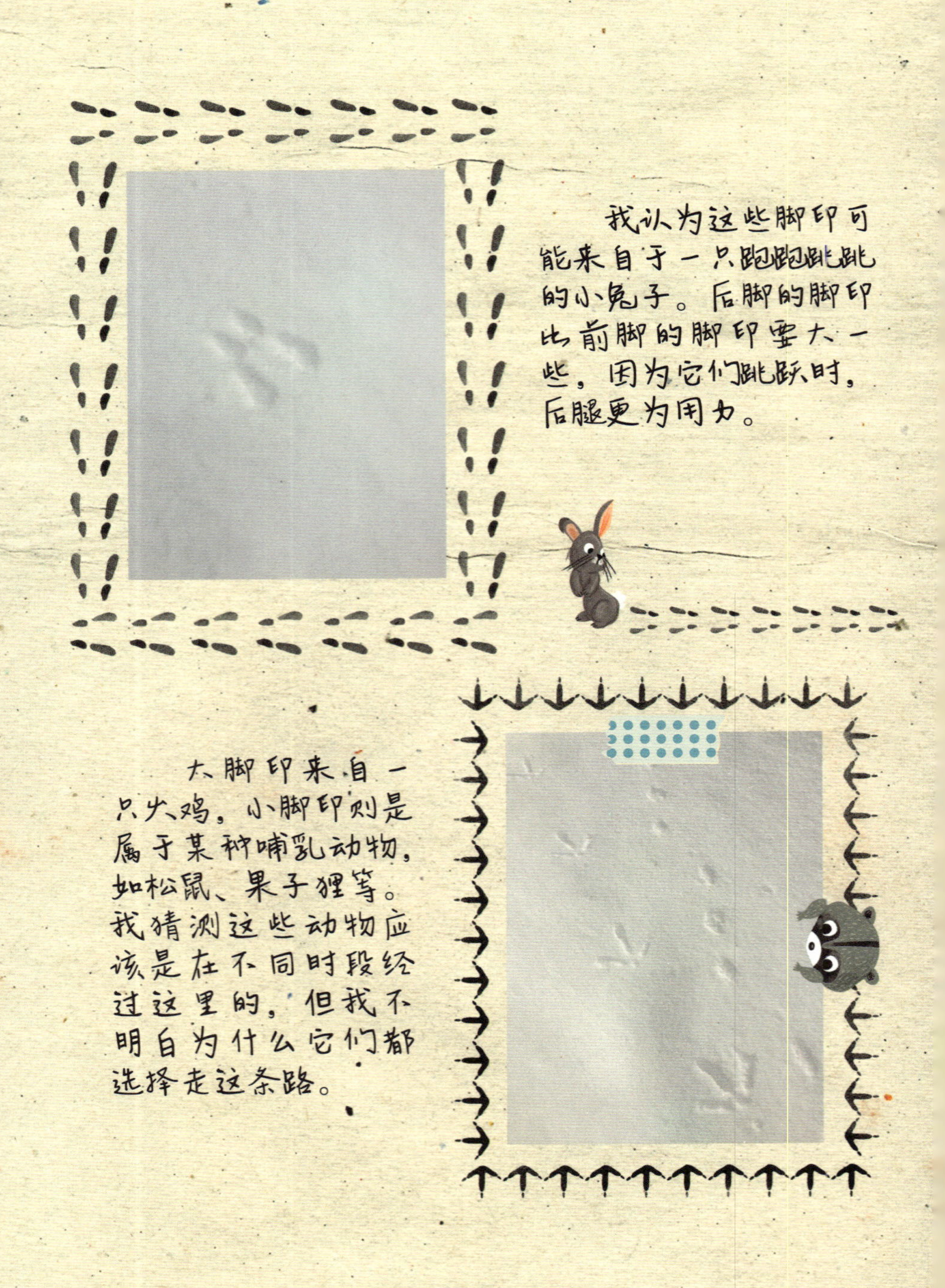
我认为这些脚印可
能来自于一只跑跑跳跳
的小兔子。后脚的脚印
比前脚的脚印要大一
些，因为它们跳跃时，
后腿更为用力。
大脚印来自一
只火鸡，小脚印则是
属于某种哺乳动物，
如松鼠、果子狸等。
我猜测这些动物应
该是在不同时段经
过这里的，但我不
明白为什么它们都
选择走这条路。

这是我们最棒的发现了，我妈妈非常激动！她说这是某种猛禽（或许是只猫头鹰）俯冲而下，捕获了某种动物（可能是一只地鼠或花栗鼠）时留下的。都能看见它的翅膀和爪子留在雪地里的痕迹了！

这里还有一些动物脚印——妈妈的和我的！

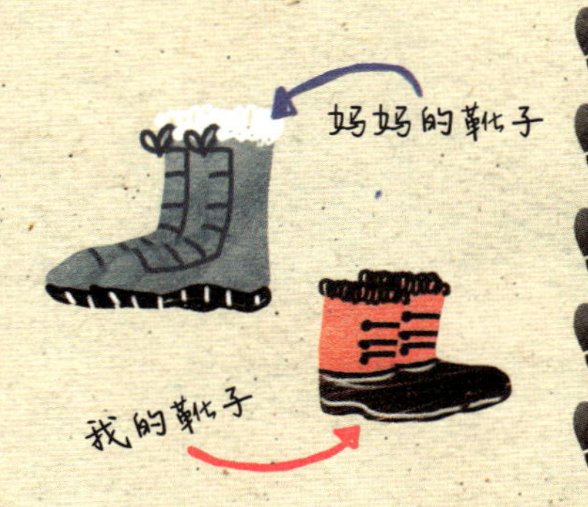

动物们在冬天怎样存活

北极兔的毛发在冬天会变白，这能帮助它们与冰雪伪装成一体，以此来躲避捕食者。到了春天，它的毛发又会变成灰色。

花栗鼠的腮帮子可以伸缩自如，因此秋天的时候，它们可以收集更多的食物。

许多鸟类会迁徙，比如我最喜欢的海雀。它一般在缅因州（一些岛屿上）度过春天和夏天。

新的科学词汇

适应性

生物体对所处生态环境的适应能力。

冬眠

某些动物在寒冷的冬天休眠。

迁徙

动物有规律地长距离搬迁到不同栖息地的行为。动物选择最适宜生存的地域环境及调节种群密度的生态适应性行为。

物竞天择

生物在进化过程中，相互竞争，通过自然选择，能够适应的生存下来。

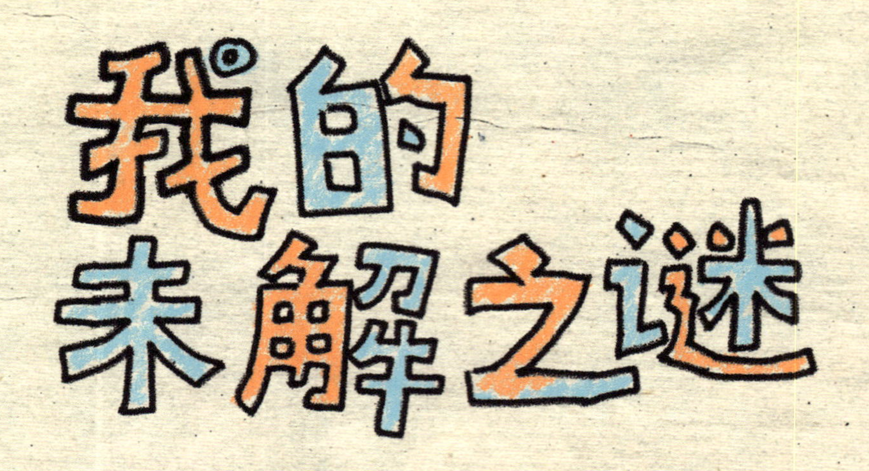

- 动物迁徙时，它们是怎么知道要走什么路线才能到达过冬的地方的呢？到了春天，它们又如何返程呢？

- 动物通常在春天繁育后代，这样生出来的后代是不是更大、更强壮，在冬天到来之际，更能独立生存且更易挨过严寒？

飞滑雪橇

阿卡迪亚、伊莎贝尔和约书亚拉着各自的雪橇穿过一片平整的雪地，沿小路走着。阿卡迪亚注意到明亮的日光将粉末似的雪地照得很亮。

“我觉得这可能是今年的最后一场雪了。”阿卡迪亚说道。

伊莎贝尔看向地面：“对呀，春天不久就要到来了，这一切都会消失。”

“那我们今天可得好好玩一次雪橇了！”约书亚大喊着，抓着滑雪圈的拉绳跑向山顶。

“慢一点儿！又不是赛跑。”阿卡迪亚在后面喊道。

他又跑了回来：“让我们来赛跑吧，看看谁的雪橇滑得最远。”

“听起来有点儿好玩儿呢。”伊莎贝尔说着，便跑去追赶约书亚了。

“等等我！”阿卡迪亚大叫道。

到了山顶，阳光在晶莹的白雪的反射下显得更加刺眼了。和风煦煦，天气不像几周前那样寒冷。伊莎贝尔、阿卡迪亚和约书亚三人按身高从高到矮的顺序站在山顶上，伊莎贝尔拿着一个塑料长雪橇，阿卡迪亚的是一个碟形大雪橇，约书亚则拿了个滑雪圈。

“我们数到三就开始跑吧？”伊莎贝尔问道。

“等等，除了赛跑，我们要再制订个方法吗？”阿卡迪亚说道。

“什么意思？”约书亚问道。

伊莎贝尔会心一笑：“阿卡迪亚，看你的眼神我就懂了，你是想到了昨天的科学课吧？”

“是的。”阿卡迪亚回答道，“昨天我们学了能量和摩擦力。为了让雪橇滑得更远更快，我们得先减小雪橇和地面的摩擦力。这些粉末状的雪确实干净又好看，但它们会带来很大的摩擦力。”

“摩擦力是不是就是阻力？”约书亚问道，“就是阻力使我们的纸飞机飞不远的，对不对？”

伊莎贝尔回答道：“是的，你想尽可能地让自己的雪橇加速，但摩擦力会降低雪橇的速度，速度一慢，雪橇就走不了多远了。而滑雪橇越快才越好玩儿。”

阿卡迪亚注意到山顶通往附近地区的路上有一些脚印，她一直跟到脚印消失的地方，最后就只剩下往山下去的雪橇留下的痕迹了。“我

有办法了，我可以顺着这些雪橇的痕迹滑行，不管是谁之前在这里滑过，他们已经把雪压实了，这样摩擦力就小很多了。摩擦力越小，速度就越快，并且就像伊莎贝尔说的那样，速度越快才越好玩儿。”

“要不我们每个人都想一个自己的玩法吧。”约书亚提议道，“我要带着我的滑雪圈来个助跑。”

“好主意，这会给你的滑雪圈带来更大的动能。”伊莎贝尔解释道。

“动能是什么意思？”约书亚问道。

“一个物体运动的速度越快，它的动能就越大。”伊莎贝尔回答道，“当运动的物体静止下来的时候，动能就没有了。”

“本来跑起来我的滑雪圈就能获得更多动能，但因为我在蓬松的雪堆里滑行，所以摩擦力就会大一些，这是一种平衡。但是我跑得非常快，我可不担心。”约书亚用一种揶揄打趣的语气说道，同时朝着阿卡迪亚做了一个虚张声势的鬼脸。

阿卡迪亚对着约书亚笑了笑，又摇了摇头：“想都别想！”

“嘿，别把我排除在外呀！”伊莎贝尔走上山顶说道，“我的办法就是要找最陡的地方滑下去。”伊莎贝尔找准了位置，坐上了雪橇。

“听起来大家心里都有数了，所有人都准备好了吗？”阿卡迪亚问道。其他两人都点点头，示意可以开始了。“让我们看看谁的玩法最厉害，各就各位，出发！”

约书亚往后退了几步，然后攥着他的滑雪圈跑了起来。他先是面朝滑雪圈跳了几下，然后一个弹跳就坐进了滑雪圈。一开始滑雪圈滑得飞快，可紧接着，一长条粉状雪道映入他的眼帘。滑雪圈像犁一样铲下山去，一路压平积雪，他的速度很快就变慢了。

伊莎贝尔的塑料长雪橇一开始也滑得很快，但同样被松软的积雪拖慢了速度。她的雪橇会把雪压塌，并推挤到两边。

他们俩的雪橇会把雪推离道路，与之不同的是，阿卡迪亚的雪橇只会沿着先前轨迹一路把雪压实。只见阿卡迪亚交叠双腿，坐在她的碟形大雪橇里飞快地往下滑，她的头发都被吹得齐刷刷地往后飞。雪橇的速度越来越快，她难掩激动，尖叫了起来，手紧紧地扒住雪橇的扶手。她滑行得比之前痕迹的位置还要远，虽然只比约书亚多滑了一两米，但比伊莎贝尔滑行的距离却要多出至少 6 米。直到粉状雪堆附近，她的速度才逐渐慢下了来。

阿卡迪亚跳起来喊道："我赢啦！"

伊莎贝尔跑向阿卡迪亚："你滑得真棒！看来减小摩擦力真的很关键。"

约书亚补充道:“我们每一次滑行，效果都会比上一次更好，因为雪被压得更紧实了。我敢说，要是能沿着阿卡迪亚的雪道滑行，我肯定会超级快。”

“那就让我们来看看，从山顶最陡的地方开始沿着我的滑行轨迹滑行会发生什么。”伊莎贝尔建议道。

“我觉得不错。”说话间，阿卡迪亚的手已经抓在了自己的雪橇上。

“看看谁先跑到山顶！”约书亚回头冲着阿卡迪亚和伊莎贝尔喊道。

“怎么干什么事情都得和他赛跑？”阿卡迪亚问完伊莎贝尔，两个人就开始跑了起来。

三个孩子跑得气喘吁吁，一路欢笑着回到了山顶，尽情享受着冬日的每分每秒。

当天晚些时候，阿卡迪亚在家里的回收箱中看到了一个大纸箱，想出了一个测试摩擦力会受到什么影响的实验。她分别在纸板、毛毡、砂纸和格利特纸四种不同材质做成的滑道表面测试弹珠的运动速度。

我的摩擦力实验

我的问题： 弹珠在哪种材质的滑道表面运动的速度最慢？

研究： 我了解到物体间的摩擦产生阻力，影响物体的加速度和受力方向。

假设： 让弹珠从四种不同材质（纸板、毛毡、砂纸和格利特纸）的滑道表面滑行。它滑过砂纸的速度一定是最慢的，因为砂纸最粗糙，因此我认为它产生的摩擦力是最大的。

步骤：

1. 找一个大纸箱，用不同材质的纸搭建出外观一致的滑道。
2. 将纸箱按某个角度斜放，这样就能有一个下滑的起始坡度。
3. 确保每次都从同一高度释放弹珠。
4. 让一人拿着秒表，喊：“3——2——1——开始！”
5. 一听到“开始”，一人释放弹珠，另一人启动秒表。
6. 弹珠触到底部就立刻停止计时。
7. 每条滑道重复操作三次（这可以使得结果更加准确）。

8. 在其他材质的滑道上重复以上步骤，直到所有信息收集完毕。

9. 对每种材质的滑道实验结果取平均值。

材料： 弹珠、记号笔、胶水、纸板、毛毡、砂纸、格利特纸、秒表

我的摩擦力实验数据

表面	第1次实验	第2次实验	第3次实验	平均值（将3次实验结果相加后除以3）
纸板	0.85秒	0.96秒	0.78秒	0.86秒
毛毡	1.15秒	1.21秒	1.16秒	1.17秒
砂纸	1.02秒	1.02秒	1.07秒	1.04秒
格利特纸	1.06秒	1.19秒	1.15秒	1.13秒

结论： 测量不太好进行，因为弹珠滚得实在太快了。多次重复实验是很重要的，因为结果不总是一致，用秒表很难做到数据精确。如果下次再做这个实验，我会把滑道做长一点儿，或许我会试试用方正一些的物体，测试它在滑道上滑行的时间。

我发现弹珠在纸板滑道上确实是滚得最快的，但其他三种结果也非常近似，很难清楚地给它们排序。因此，我的这次实验没有定论。

新的科学词汇

加速度

物体速度的变化（增加或减少）。这种改变是作用在物体上多种力结合的结果。

力

物体之间的相互作用，是使物体获得加速度和发生形变的外因运动。你用力转动自行车脚踏板就能使自行车向前移动，除非山在你跟前变得很陡：重力妨碍你继续前进。

新的科学词汇

摩擦力

两个相互接触的物体，当有相对运动或有相对运动趋势时，在接触面上产生的阻碍运动的作用力。物体所接触的表面粗糙程度越大，摩擦力也越大。摩擦力还会随着将两个物体压在一起的力的增加而增大。在马路上，重的汽车所产生的摩擦力就比轻的汽车所产生的摩擦力要大。当物体穿过某种流体（如飞机穿过大气时），摩擦力就被称作阻力。摩擦力会将动能转化为热能，这就是为什么将两根木棒放在一起摩擦可以点火。有时我们喜欢摩擦力，有时又不喜欢它。有了动力学设计，一架正在飞行的飞机受到的摩擦力可以达到最小化，这样它在克服空气阻力时就不需要消耗太多燃料。然而在它要起飞或着陆时，它的轮胎与地面的摩擦力就尤为必要。

新的科学词汇

动能

物体在运动状态中所具有的能量。

势能

物体因其所处的位置或状况所储有的能量。一根被拉长的皮筋有势能，一根盘绕的弹簧有势能，高山顶上的巨石也有势能。势能可以被转化成动能。

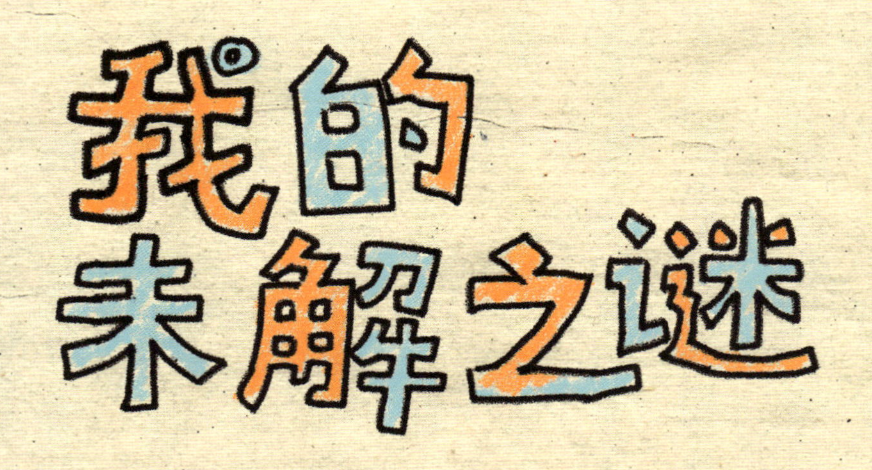

- 摩擦力在陆地、大气及水中的表现相同吗？
- 如果没有摩擦力，一只被踢出去的球会永远滚下去吗？
- 要是我的雪橇撞到一堵墙后，很快停了下来，那这是因为摩擦力吗？阻力在什么情况下不算作摩擦力，而只是一种碰撞？
- 我爸说速度是一定方向上的速率，他说如果我沿着一条曲折路径滑雪下山，我穿过冰雪的速率要比我下山的速率快得多。我得好好思考一下这个问题！

致谢

非常感激乔纳森 · 伊顿以及蒂尔伯里出版社的工作人员对这本书给予的信任。感谢霍莉 · 哈特姆绘制的阿卡迪亚精心记录的笔记。

认识他的人，都能在这本书的故事中看到他，我的丈夫——安德鲁。从初稿到最后的定稿，他一直在给我反馈，并提供建议。谢谢你对我，以及一直以来给予全家人的支持。

感谢我的读者，安德鲁 · 麦卡洛、琳赛 · 科珀斯和佩吉 · 贝克斯福特。你们每个人都有着独特的视角，让这本书变得更好。同样，感谢我的小读者格丽塔 · 霍姆斯、西尔维娅 · 霍姆斯、伊莎贝尔 · 卡尔、艾莉森 · 斯玛特和格蕾塔 · 尼曼，谢谢你们真诚的（当然也很有趣的）

反馈。此外，还要感谢法尔茅斯中学的我的那些学生们。在我写这本书时，你们曾经问过的问题一直萦绕在我脑海中，这也是“阿卡迪亚的好奇记事本”系列的创作源泉。

最后，真诚感谢为这本书的科学内容提供编辑和校对工作的同事——安德鲁·麦卡洛、格兰特·特伦布莱、爱丽丝·特伦布莱、萨拉·道森、伊莱·威尔逊、简·巴伯以及伯思特·海因里希，你们各司其职，无可替代。本书凝聚了许多人的智慧和想法，单凭我一己之力是万万做不到的。

凯蒂·科珀斯与丈夫和两个孩子生活在美国缅因州。她是一名中学老师，教授艺术和科学，获奖无数。她的丈夫是名高中生物老师，结婚生子后，夫妻俩专注培养孩子的同理心、好奇心和创新意识。这本书的很多灵感正是来源于此。凯蒂的著作包括美国国家科学教授协会（National Science Teachers Association，NSTA）的教师指南——《科学中的创造性写作：激发灵感的活动》。

霍莉·哈特姆是儿童图书的插画家和图像设计师。她喜欢将线条、摄影和质地融合在一起，创作出极富活力与个性的插图。她绘制过插画的图书包括《什么是重要的》（曾获桑瓦儿童奖）、《亲爱的女孩儿，大树之歌》以及“创造者马克辛”系列。

在最后的最后，作为“阿卡迪亚的好奇记事本”在中国的出版方，我们还要感谢在百忙之中抽时间进行审读的老师们——热爱探索自然的生物老师姜泽和地理老师陈丽娟，还有假装自己是一个分子的物理老师刘畅。他们为这套书提供了专业的理论指导和帮助。

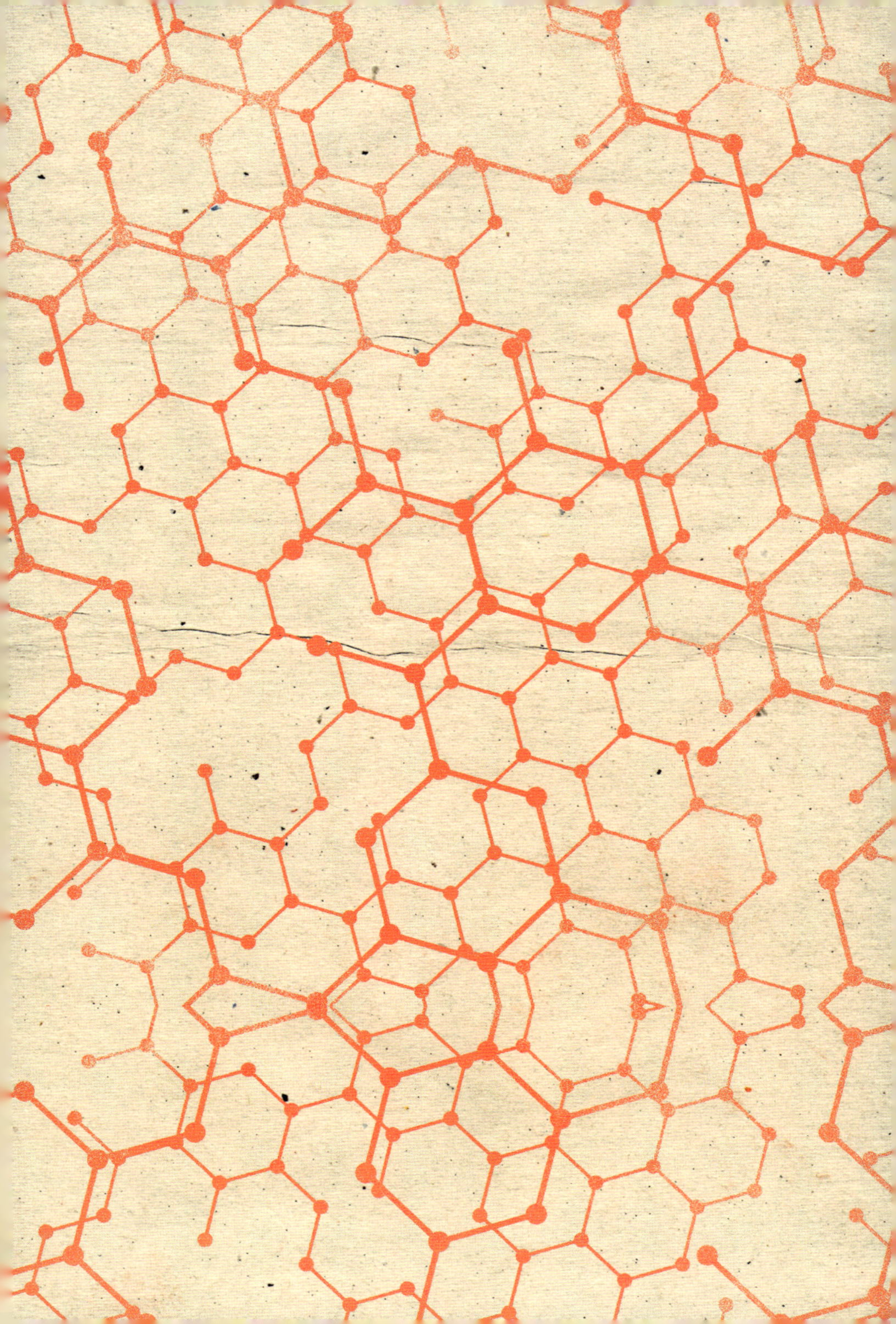

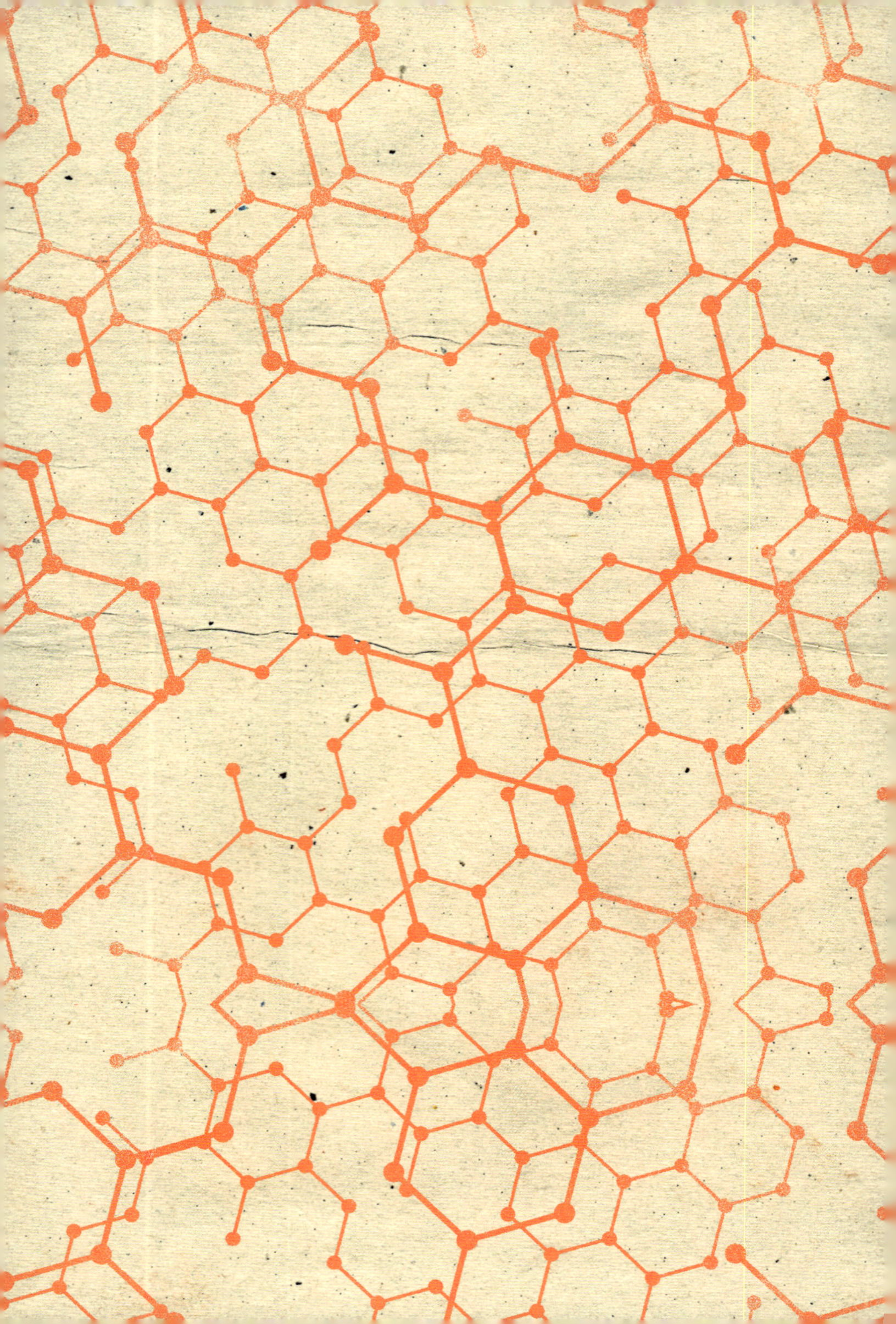

阿卡迪亚的好奇记事本

春天的总结会

[美] 凯蒂·科珀斯 著
[加] 霍莉·哈特姆 绘
冯菁华 译

童趣出版有限公司编译　人民邮电出版社出版
北　京

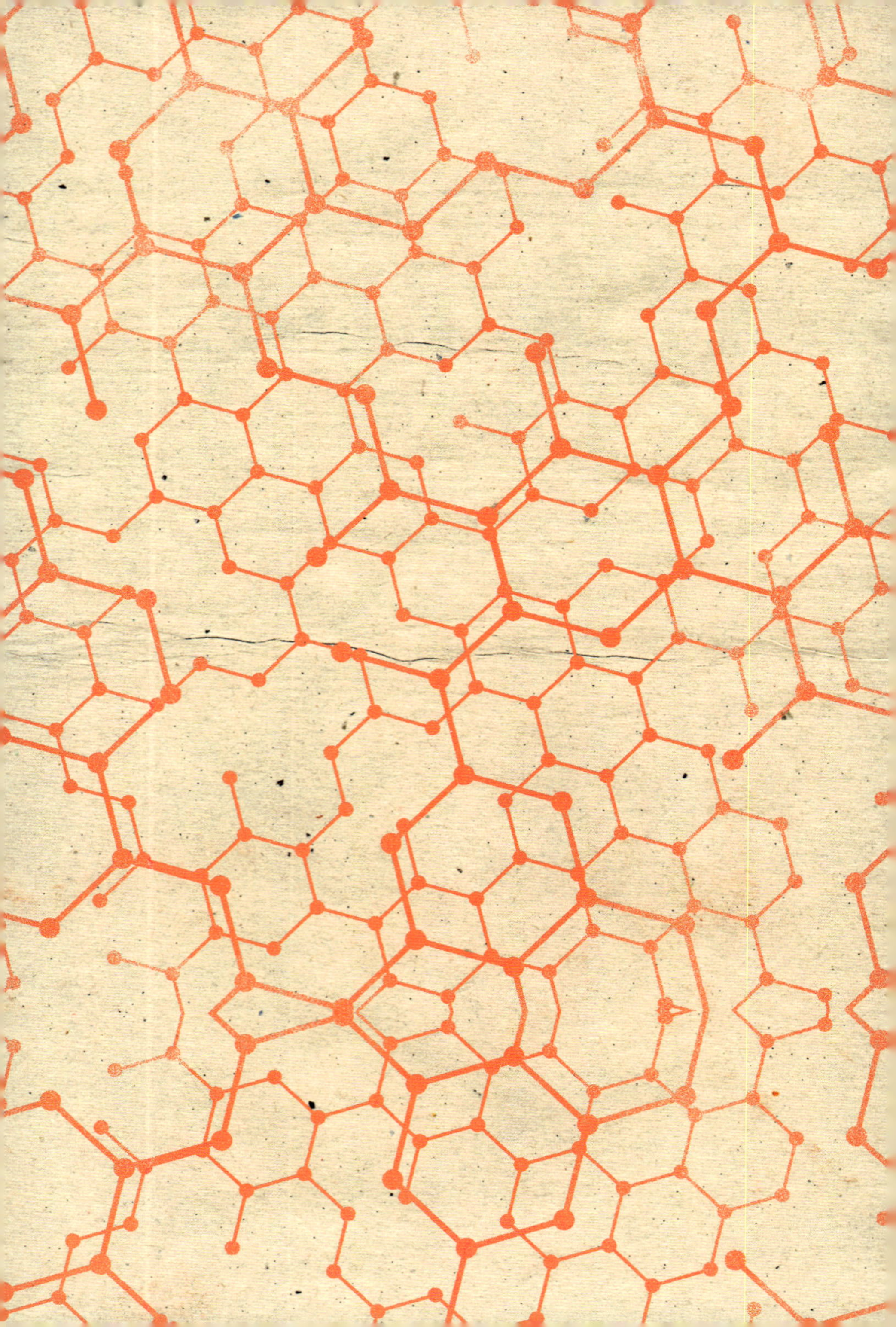

目录

不要让任何人夺走你的想象力、创造力和好奇心。

——梅·卡萝·杰米森

（工程师、医生和第一位非裔女宇航员）

想法
阿卡迪亚的科学笔记
植物细胞
蒸发

科学的笨办法

提出问题

做一些调查研究

提出假设

检验自己的假设

发现结果,验证假设

继续观察、研究

得出书面结论

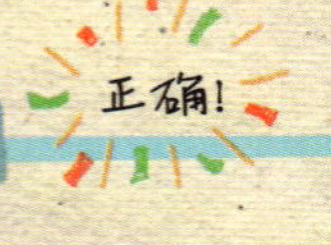

优+

和别人一起探讨你的结论!

追寻流星的足迹

一年的四个季节中，春季是阿卡迪亚最喜欢的看星星的季节。虽然天气微凉，但穿得暖和一些，待在户外也不会觉得冷。透过还未冒出新绿的树枝，可以瞥见斑驳的夜空。这个时候，世界一片安静。阿卡迪亚会和妈妈一起坐在院子里，捧着杯子，小口抿着热巧克力。

当夜幕降临、繁星满天时，阿卡迪亚喜欢仰望星空，去找她了解到的星座——小熊座。但她更喜欢思考宇宙。宇宙究竟有多大？不同星星之间的距离到底有多远？每当她凝望某颗星星时，她总是在想，此时此刻，在世界上的某个角落，是不是有人跟她一样，也在凝望同一颗星星？

阿卡迪亚指着夜空中划过的一道光喊道：

“流星！”在那道光一闪而过后，她问妈妈：“它们去哪里了？”

“什么意思？”妈妈问道。

“我是问那些星星去哪里了？我记得您告诉过我，太阳是一颗恒星。如果有一天，太阳也像流星一样离开了，我们会怎么样呢？”

“太阳是不会离开我们的。”

妈妈望着夜空，阿卡迪亚继续追问：“您怎么知道，太阳不会离开我们？”

“从地球上看，太阳是不会动的。”

阿卡迪亚指着夜空：“可是妈妈，我们刚才明明看到流星了呀！”

“流星并不是恒星哟，它指的是流星体以很快的速度穿入地球大气层而产生的发光现象。”

“什么？”阿卡迪亚问道，语气中充满了质疑。这么多年来，她一直以为自己看到的是流星。为什么没人告诉过她真相呢？

“夜空中我们看到的发着光的东西就是流星体，它的速度可以达到 20 千米 / 秒。因此，在它穿过大气层的时候会与大气层摩擦产生大量的热量并燃烧，而落到地球上的还没有燃烧完的部分被称作陨星。”

阿卡迪亚一下来了兴致：“这么说来，流星其实是燃烧着的流星体，速度比子弹还要快？太不可思议了！”

“没错。”

“那为什么人们把它称作流星呢？”

“很久以前，人们对太空还不够了解，但又想去描述他们观察到的现象，所以称它们为流星。”

“那流星体是怎么来的呢？”

“一般是由小行星之间的碰撞形成的。”

“什么是小行星？”

“小行星是在地球上用肉眼看不到的行星，

密集分布在小行星带中。”

“小行星带？就像您背带裤上的带子一样吗？”

妈妈冲阿卡迪亚笑了笑：“小行星带是位于火星和木星轨道之间的小行星大量聚集的区域。在那里，大约有几十万颗小行星，一起绕着太阳公转。”

“我以为只有行星绕着太阳转呢。”

“小行星也是。小行星带还把内行星和外行星分隔开来。”

“内行星和外行星？”阿卡迪亚疑惑地看着妈妈。

“内行星包括水星、金星、地球和火星。外行星包括木星、土星、天王星和海王星。”

“所以，小行星的碰撞造成了流星体的出现？这跟沙子和海玻璃的形成有些类似呀。”

妈妈点头回应道：“说得没错。我们刚刚看

到的流星体可能还没有一块砖头大呢。”

“那真是太小了！等一下，您刚才说小行星比流星体大，那如果一颗小行星撞上了地球会怎么样呢？”

妈妈揽过阿卡迪亚：“想想你特别喜欢的恐龙。大多数科学家认为是小行星与地球的碰撞导致了恐龙的灭绝。一颗直径约 10 千米的小行星在运行过程中撞上了地球……”

“等等……如果我们刚才看到的流星体还没有一块砖头大的话，我简直想象不到直径 6 千米的小行星撞上地球会造成什么样的后果！”

“想象一下，一个体积非常大、温度非常高、速度非常快的小行星……”

“撞上地球？！”

“这样的撞击迅速导致方圆 600 千米内的动植物的死亡。但导致更多物种灭绝的是小行星撞击地球后产生的大量的尘埃和陨星碎片。”

“恐龙是因为无法呼吸才灭绝的吗？”

“陨星碎片在大气层聚集，遮挡了太阳的光线，这才是恐龙灭绝的主要原因。连续好几个月，白天像夜晚一样黑暗。陆地上和海洋中的植物因为缺少阳光，无法得到所需的能量进行光合作用，所以大量灭绝。以这些植物为食的动物也因此灭绝。沿着食物链向上，灭绝的生物越来越多，最终，地球上约 75% 的物种因此而灭绝，科学家称这种现象为大灭绝。”

“下次心情不好的时候，我就打算去想一想那个时候恐龙的处境。然后告诉自己，比起那些更糟糕的事情，自己的情况没什么大不了的。妈妈，行星撞击地球是什么时候发生的呀？”

“6500 万年前。”

“6500 万年前！那人们是怎么知道那个时候发生的事的呢？那时候根本就没有人呀？”

“小行星碰撞导致恐龙灭绝是有证据支撑的

一个假说。”

“那还有其他的关于恐龙灭绝的假说吗？”

“小行星碰撞的假说是最普遍的，但也有人认为恐龙灭绝是因为那时候火山喷发频繁，火山灰进入大气层，导致了气候变化。也有人同意小行星碰撞假说，但认为翼龙侥幸躲过了一劫，随着时间的流逝，它们慢慢进化成了我们现在看到的鸟类。”

“为什么会有不一样的假说呢？”

“孩子，你已经了解了科学方法。科学家的职责就是尽可能地收集证据，证明自己的假设。如果证据能够支撑假设，那么假设就有可能是真的。但是科技的发展让证据越来越多、越来越精准，所以我们今天认为的真相，有可能明天就会被推翻。”

“唉，这可有些麻烦。”阿卡迪亚说道。

“这是科学！在过去的很长一段时间里，人们都认为地球是平的，而且太阳是绕着地球转的。后来科技发展了，我们的认知也改变了，人们选择相信证据、改变观念。但要改变我们一直相信的东西，有时是需要相当长的一段时间的。直到今天，哪怕证据确凿，也依然有人认为地球是平的！”

“也就是说，虽然科学家提供了证据，但人们可能并不想接受。”阿卡迪亚沉思着，“我明白了。一分钟前，我还以为自己看到的是恒星呢，根本不知道那是流星体，更不用说它只有一块砖头那么大了。”阿卡迪亚抬起头，向夜空望去：“我敢说，人类的下一个重大发现一定是在太空领域。”

“我也这么认为。”

“太不可思议了，我们居然在想关于其他星

球的事情。跟那些比起来，我们太渺小了。”

“我觉得挺欣慰的。”

“真的吗？我觉得有点儿吓人呀！”

“地球已经有几十亿年的历史了，在这期间发生过许许多多的事情，人类才一步一步走到了今天。想到这个过程并没有让我感到害怕，反倒让我觉得我们也是这场奇妙旅行的参与者之一。”说着，妈妈拉过阿卡迪亚的小手，轻轻抚摸着。

“哇，我们俩现在坐的地方很有可能是1亿年前恐龙散步的区域，想想都觉得好酷！”阿卡迪亚向妈妈身旁靠了靠，“谁又会想到，我们现在喝的水有可能是恐龙的尿呢？”

“这就是大自然的循环规律，对吗？”

“没错！”阿卡迪亚边说边把头靠在妈妈肩膀上，继续仰望夜空。

第二天，阿卡迪亚还在想行星碰撞导致恐龙灭绝的事情。她尝试画出那颗直径10千米的小行星和一块还没有砖头大的流星体的对比图。她也在思考，如果当初撞击地球的小行星没有那么大，或是直径比 10 千米还大，地球上的物种状况跟现在会有什么不同。这个思考激发了阿卡迪亚做实验的想法。

我的撞击实验

我的第一个问题： 撞击地球的流星体的大小和质量会影响地球上陨击坑的大小吗？

研究： 在月球上更容易观测撞击效果，因为月球上没有天气变化。月球上没有雨也没有风，不会像地球上那样有风化现象，所以陨击坑的轮廓不会被侵蚀。

假设： 一个大理石球、一个高尔夫球、一个网球和一个棒球从相同的高度掉进沙堆，棒球造成的沙坑最大，因为它的体积最大，质量也是最大的。

我的实验方法：

1. 准备所有实验素材。
2. 把容器里填满沙子（也可以用土或雪来代替）。
3. 把沙子铺平。
4. 戴上护目镜，以防溅起的沙子进入眼睛。
5. 让大理石球、高尔夫球、棒球和网球在同一高度下落。
6. 轻轻地把这些“陨星”移开。
7. 测量一下每个“陨击坑”的直径。

实验素材： 大理石球、高尔夫球、棒球、网球、沙子（用土或雪代替也可以）、容器、护目镜和尺子。

数据：

在实验之前，我测量了这几个“流星体”的直径和质量。

“流星体”的直径和质量	“陨击坑”的直径
大理石球：1.3 厘米，5 克	2.0 厘米
高尔夫球：4.3 厘米，46 克	4.3 厘米
网球：6.6 厘米，56 克	4.9 厘米
棒球：7.6 厘米，149 克	5.8 厘米

实验照片

结论：

“流星体”的大小会影响“陨击坑”的大小。棒球的直径和质量是最大的，它的“陨击坑”也是最大的。大理石球的直径和质量是最小的，所以“陨击坑”也是最小的。我觉得，如果每块“流星体”的大小一致，实验效果可能会更好。

我的第二个问题：初速度如何影响“陨击坑”的大小呢？

研究：

动量是指物体的质量和速度的乘积，即：

动量 = 质量 × 速度

所以，物体质量越大，速度越快，它的动量就越大。

假设：如果两个相同质量的高尔夫球从相同高度下落——一个自然下落，一个向下抛落——被抛落的那个高尔夫球会形成更大的一个凹坑，因为它的动量更大。

我的实验方法：

1. 准备所有实验素材。
2. 把容器里填满沙子（也可以用土或雪来代替）。
3. 把沙子铺平。
4. 戴上护目镜，以防溅起的小颗粒进入眼睛。
5. 让一个高尔夫球自然下落，另一个从相同高度抛落。
6. 轻轻地把这些"陨星"移开。
7. 测量"陨击坑"的直径和深度。

实验素材：两个高尔夫球、沙子（也可以用土或雪来代替）、容器、护目镜和尺子。

数据：

"流星体"	"陨击坑"的直径	"陨击坑"的深度
自然下落的高尔夫球	4.3 厘米	1.1 厘米
被抛落的高尔夫球	4.7 厘米	1.8 厘米

实验照片：

左边的球为自然下落，右边的球为抛落。

结论：当两个大小和质量都相同的高尔夫球以不同的初速度下落，动量更大的那个高尔夫球会形成更大的凹坑。如增加初速度，也就是增加动能，凹坑的直径和深度也会增大。因此，"流星体"的动量越大，它形成的"陨击坑"就会越大。

我的漫画版大灭绝

地球：46亿岁

阿卡迪亚：11岁

新的科学词汇

小行星

沿椭圆轨道绕日运行不易挥发出气体和尘埃的小天体。它们大多分布在火星与木星轨道之间。

陨击坑

小天体高速撞击行星或卫星表面后所形成的圆形坑构造。

大灭绝

生物区系的大部分突然消失的现象。其引起的原因可能是环境突变，如流星体的影响等。这种大灭绝给幸存下来的有机体提供了机会。导致物种大灭绝的一些可能的原因如下：

热 冷

气候变化

火山喷发

小行星撞击

流星体

分布在星际空间的细小物体和尘粒，叫作流星体。它们飞入地球大气层，跟大气摩擦发生热和光，这种现象叫流星。

陨星

流星体经过地球大气层时，没有完全烧毁而落在地面上的部分叫作陨星。

动量

表示运动物体运动特性的一种物理量，它的大小等于运动物体的质量和速度的乘积。动量可以由一个物体转移到另一个物体上。当一个桌球撞上另一个桌球时，就完成了动量的转移。当我们去打棒球时，动量就从球杆转移到球上了。

- 如果6500万年前，那颗小行星没有撞击地球，现在的世界会是什么样子的？如果没有撞击，恐龙会活到今天吗？如果恐龙存活下来了，人类还会存在吗？

- 宇宙有多大呢？

春天的迹象

初春的一天，阳光和煦，空气清新，不由得使人走向户外。阿卡迪亚终于脱掉了自己臃肿的羽绒服，换上了长袖运动衫，伊莎贝尔则穿上了自己的绿色高筒靴，因为她们俩打算在家附近走走转转。巴克斯特也迫不及待地跟着两个女孩儿一起出门，兴奋地摇着尾巴在后门处打转。

阿卡迪亚和伊莎贝尔向约书亚挥手打招呼。约书亚正在路边拍篮球，尽管地面上仍有一块块积雪，穿着T恤和短裤的他似乎并没有被温度影响。

“你们要去哪儿？”约书亚运着球朝她俩走过来。

“我们打算去遛巴克斯特，要一起来吗？”

阿卡迪亚问道。

“当然！”

“你怎么没穿人字拖出来呢？”伊莎贝尔笑道。

约书亚笑了笑：“我就是想穿少点儿，毕竟天气暖和了。”

一路上，巴克斯特没有放过任何一个小水坑，黄色的爪子很快便沾满了棕色的泥巴。巴克斯特拽着阿卡迪亚走到一个邻居的小院附近。院子里一小堆一小堆尚未化掉的积雪下面，一丛丛褐绿色的小草冒了出来。阿卡迪亚发现，在深色的叶子下面，竟然有一朵贴着地面开的紫色小花。

“快看！藏红花开了！”阿卡迪亚喊着她的伙伴们。

“我真想不明白，天还有点儿冷，这些花能活下来吗？”约书亚问道。

“这样的天气你还穿着短裤，你没事吧？”伊莎贝尔开玩笑道。

“我很坚强的。”

“这些花也很坚强，”阿卡迪亚说道，“它们可是第一个来报春的信使呢！”

约书亚问道：“这些花怎么知道该什么时候开放呢？花可不会思考呀。”

阿卡迪亚蹲下来抚摸着一片薄薄的花瓣：“春天到来时，地球的北半球朝着太阳，所以我们就有更多的阳光。我猜，可能是因为多出的光照和升高的温度给了这些花生长的信号。”

“所以是太阳给它们的信号？”

“没错，大自然太酷了。冬天一直沉睡的所有生物，此时此刻都要醒来了。”

“嗯，它们都以自己的方式苏醒了，树木也

一样。”伊莎贝尔补充道，“我姐姐对花粉过敏，等着看吧，很快她就会不停地打喷嚏了。”

“树木也会‘苏醒’，想想这个就有点儿奇怪。”约书亚说道。

“青蛙也正在苏醒，昨天晚上我好像听到春雨蛙的声音了。”阿卡迪亚说道。

“你说的是晚上的那个声音吗，我还以为是谁家的警报响了呢。太讨厌了，大晚上的，它们为什么非得那么吵呢？”

阿卡迪亚笑笑问道：“你真想知道原因吗？”

伊莎贝尔和约书亚都点了点头。

“嗯，春天到了，动物们都需要繁衍，所以，它们需要找到自己的配偶。所以……”

“哇，”伊莎贝尔说道，“你的意思是，那些很大的鸣叫声都是在寻找配偶的春雨蛙发出的吗？”

阿卡迪亚咯咯地笑道："没错。500 米外我们都能听到它们求偶的叫声，这些声音能够帮助它们找到另一半。去年因为要给池塘的管理部门写信，所以我学了很多关于青蛙的知识。"

"你那封信太棒了！现在青蛙池塘边上有公共垃圾桶了。"伊莎贝尔说道。

阿卡迪亚笑了笑，眼神里充满了骄傲："是的，这是我写过的最重要的一封信。再过几周，我们就能沿着池塘散步，再去春池里找青蛙了。"

"春池是什么？"约书亚问道。

"就是只有春天下雨后才有水的水洼或洞穴，到了夏天水就干了。因为是季节性存在的，所以春池里没有鱼。青蛙喜欢把卵产在这里，因为没有其他生物会来这里吃这些卵或蝌蚪，它们会更安全。"

"谢谢你，阿卡迪亚。"约书亚说道，"这很青蛙。"

听到约书亚这么说，阿卡迪亚一边摇头，一边“怨声载道”。约书亚跟她爸爸一样，无论在什么情况下，似乎总能冒出一连串的老生常谈的双关语。

“等等。”伊莎贝尔说道，“你刚才提到，动物们会在春天进行繁衍，那植物也会这样吗？”

“是呀，很快空气中就都是花粉了，这就是植物繁衍的一种方式。”阿卡迪亚说道。

“我竟然从来没想过，姐姐打喷嚏是因为吸入了植物用来繁衍的花粉。这次散步简直太让人长知识了，收获太大了。”伊莎贝尔说道。

在回去的路上，几个小伙伴一起研究着春天来临的其他迹象。阿卡迪亚指了指树枝上即将冒出现的小花苞。

“阿卡迪亚，你爸爸来了。我们快去告诉他

我们刚刚的发现吧！”约书亚说道。

他向阿卡迪亚的爸爸介绍了藏红花和春雨蛙的事情，以及青蛙的叫声。

“你是不是忘记了春天来临的另外一种迹象？我们都知道的。”爸爸“不怀好意”地一笑，向阿卡迪亚问道。

“在红袜队（美国职业棒球大联盟的棒球队）开始打比赛的时候？”阿卡迪亚问道。

“非常正确！”爸爸说道，“还有一个迹象。

想不到吧？那就是树叶开始复苏的时候。”

“哇，爸爸，”阿卡迪亚喃喃道，“这个对你来说太老掉牙了！”

“这个双关语可有点儿冒险啊。”约书亚推推阿卡迪亚爸爸的胳膊说道。

阿卡迪亚凑到伊莎贝尔身旁，耳语道：“趁他们不注意，咱们悄悄溜走吧。他俩一聊起来就没完没了的。”两个女孩儿沿着车道走开了。

“你知道我最喜欢的春天的迹象是什么吗？”伊莎贝尔问道。

“请保证，你不会说双关语。”

“嗯，我的‘目标’是足球。”

“不是吧，伊莎贝尔？你也开始说双关语了？”阿卡迪亚边摇头边说道，“好吧，你是个守门员。”阿卡迪亚从车库里拿出一个足球，朝自己的朋友踢过去。

伊莎贝尔把球踢了回来：“我觉得我们刚刚

发现了春天的另一个迹象，那就是，你也开始说双关语了。”

在之后的几周里，阿卡迪亚经常去附近散步，并用相机记录下大自然由冬天向春天的过渡。但是对她来说，最大的困扰就是，相机不能捕捉到声音和气味，于是她决定做一幅由相片和图片构成的拼贴画。她从网上下载了几幅图（比如春雨蛙）。一段时间后，阿卡迪亚在自己的笔记上创作了一幅春天的拼贴画，从最后一片雪花消失到花朵完全绽放，三个月的情景被完完整整地记录了下来。

春天的样子

春天来临的最初迹象。

把这些呱呱叫的小东西们放在一起，它们会来一首鸣奏曲。这个小家伙大约25毫米长。

一簇簇的藏红花。

一只飞向藏红花的小蜜蜂。

我们本以为不会再下雪的时候，早晨醒来发现地上还有一些雪花。

妈妈开始规划花园的花花草草了。

花骨朵儿和树叶。

水仙花

小鸟叽叽喳喳的，尤其是在我的窗外！

树上的叶子一天一天茂密起来。

蒲公英是春天的蜂蜜源之一，所以爸爸妈妈不用亲自动手去采，而是交给小蜜蜂们。

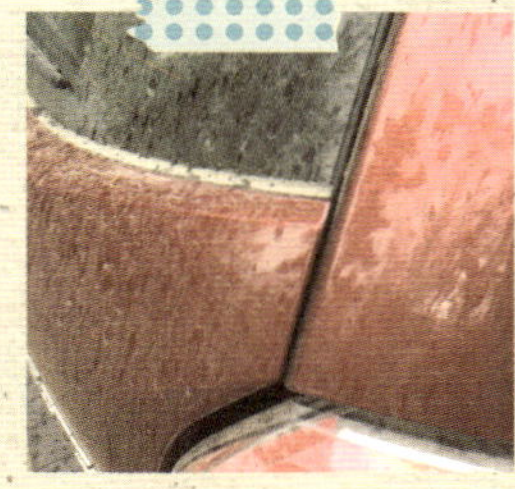

春雨过后，妈妈的车上留下了花粉的痕迹。

伊莎贝尔的姐姐因为花粉过敏而打喷嚏。

花团锦簇的丁香

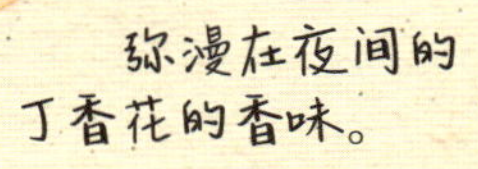

弥漫在夜间的丁香花的香味。

爸爸最喜欢的鸢尾花。

目光所及之处，都是一片新绿。

五颜六色的花！

春雨的味道。

妈妈最喜欢的铁线莲。

新的科学词汇

萌芽

植物发芽。

卵生

完全成型的小鸡经过孵化破壳而出。鸟类、大多数的鱼类和昆虫，许多两栖动物和爬行动物，还包括一部分哺乳动物（如鸭嘴兽和针鼹）都是卵生动物。

生命周期

有机体从生命开始到死亡的过程变化。

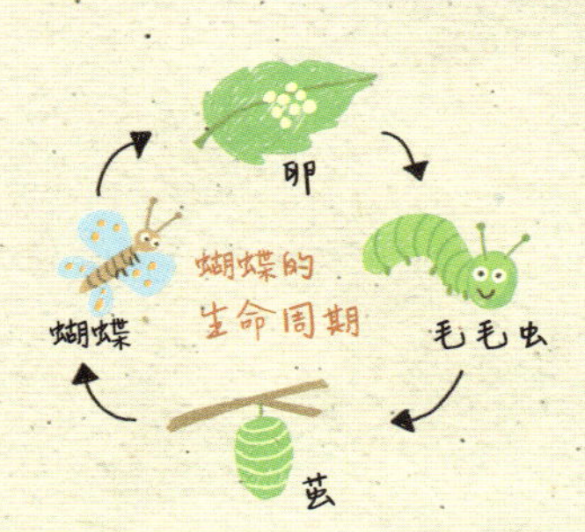

花粉

花朵产生的用来繁衍后代的粉末状物。这些粉末状物携带着雄性基因，由风、昆虫或其他动物从产生花粉的植株上传播给其他植株。当找到相同种类的雌性植株时，就完成了授粉，进而会长成种子，再结出果实。种子就是小的植物体，它们一般由坚硬的种皮包裹着，所以能够生存很多年，直到找到能够萌芽和生长的地方。

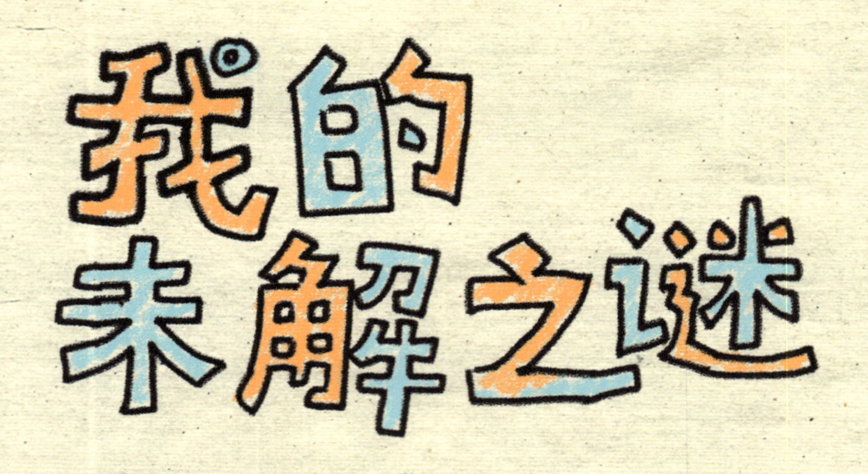

我的未解之谜

- 我经常观察花朵上的蜜蜂。我发现，蜜蜂采花蜜，其实是在帮植物繁殖。因为花粉会沾在蜜蜂身上，蜜蜂在花丛中飞来飞去，就会完成植物间的授粉。蜜蜂的数量在下降，被列为濒危生物的大黄蜂的数量自20世纪90年代以来，也在急剧下降。为什么蜜蜂的数量会减少呢？我们怎么才能帮助它们呢？

- 如果没有蜜蜂帮忙授粉，植物会怎么样呢？

蜱虫

在一个温暖的下午，阿卡迪亚和爸爸、伊莎贝尔一块散步去青蛙池塘寻找春池。阿卡迪亚对青蛙的痴迷有增无减，所以她决定找到一个能观察青蛙整个生命周期的春池。她期待着看到一团团黏糊糊的蛙卵变成甩着小尾巴的蝌蚪，再变成有着粗粗长长尾巴的幼蛙。

走过草木丛生的地方时，阿卡迪亚低头时注意到胳膊上有点儿东西。

“看，爸爸！我胳膊上的一个雀斑竟然动起来了！”阿卡迪亚满心疑惑地说道。

伊莎贝尔看了看阿卡迪亚的胳膊，说道：“等一下，它是在动吗？蜱虫！这不是雀斑，是一只蜱虫！”

“能动还好，说明蜱虫还没有依附在皮肤上。”阿卡迪亚的爸爸一边查看她的胳膊一边说道，“这是一只狗蜱，不是鹿蜱。”他舒了一口气说道，同时把阿卡迪亚胳膊上的蜱虫弹去。

“我既不是狗也不是鹿，那只蜱虫为什么要爬到我身上呢？”阿卡迪亚问道。

“我们先离开草丛，到小路上去吧。要是一直站在这儿说话，我们仨身上就都有蜱虫了。”

三人一块朝旁边的小路走去，同时检查着胳膊上、腿上是不是有蜱虫的踪迹。

“我袜子里有一只。”伊莎贝尔一边说，一边本能地把蜱虫弹了出去，“只要一想到身上有蜱虫，我就会觉得发痒。这些蜱虫为什么会爬到我们身上呢？”

“它们是寄生虫。”阿卡迪亚的爸爸说道，“这些寄生虫寄生在寄主身上，还从他们身上汲取营养。蜱虫会吸食其他动物，比如人类的血。”

“太恶心了！它们简直就像小吸血鬼一样！”阿卡迪亚低头看着自己的胳膊上刚刚被蜱虫爬过的地方。

“所以，等一下。也就是说，如果刚才我们没有发现这些蜱虫，它们就要吸我们的血了，对吗？”伊莎贝尔问道。

阿卡迪亚的爸爸点点头：“非常有可能。这些蜱虫应该是在我们刚走过那丛杂草时，爬到脚踝上的。如果没有及时发现，它们就会顺着脚踝向上爬，寻找一个不易被觉察到的角落待着，比如膝盖后侧、腋窝甚至是头发里。”

“现在我觉得身上更痒了！”阿卡迪亚边说边挠，“就跟听说别人身上有虱子，你会情不自禁地挠自己的头是一个道理。”

“确实，蜱虫和虱子有很多相似的地方。”阿卡迪亚的爸爸回应道，“它们都是寄生虫，都需要寄主才能生存下去。”

“说到寄主，您的意思是，我是那只蜱虫的晚餐？”伊莎贝尔问道。

阿卡迪亚的爸爸笑了笑：“我们需要食物才能活下去，蜱虫也一样，这是同一个道理。”

“这么说的话，如果我们没能及时把蜱虫从身上清理掉，会怎么样呢？”伊莎贝尔问道。

“蜱虫身上的小倒刺能够帮助它们挂在你身上，这种倒刺有点儿像鱼钩钩在鱼嘴里。这些蜱虫会吸附在老鼠或鹿的毛发上，然后再粘在皮肤上。一旦落脚后，它们就开始吸血，直到身体充盈起来。”

“虽然我不理解身体充盈起来是什么意思，但听起来就感觉不好。”伊莎贝尔说道。

“意思是，蜱虫吸血后身体会膨胀起来，像个小气球。”

“呃……”阿卡迪亚和伊莎贝尔说着，不约而同地因为害怕哆嗦了一下。

“巴克斯特以前也被蜱虫咬过。蜱虫喝饱血充盈起来后，看起来就像长着一颗小黑脑袋的白葡萄。”

伊莎贝尔打了一个激灵：“那你是怎么帮巴克斯特弄掉蜱虫的呢？”

“我近距离地观察巴克斯特被咬的那块皮肤，然后拿镊子十分谨慎地把那只蜱虫全部夹了出来，一点儿也没留在巴克斯特的身上。”

“可怜的巴克斯特！”伊莎贝尔说道。

“还有一只鹿蜱也咬过巴克斯特。”

“鹿蜱和狗蜱有什么区别呢？您说刚才在我身上的是一只狗蜱。”

“两种蜱虫最大的区别是，鹿蜱会导致莱姆病的传播。”

“我听说过这种疾病，但不太清楚它指的是

什么。它跟史莱姆有什么关系吗？”阿卡迪亚问道。

“没有，跟史莱姆没有什么关系。莱姆病是一种非常严重的疾病。当鹿蜱吸食血液的时候，它身上携带的病菌可能会传播给人类。”

“听起来太可怕了。得了莱姆病会怎么样呢？”

“其中一个症状就是被咬的皮肤周围会红肿，就像靶心一样，但这种情况不经常发生。得了莱姆病就像得了流感一样，或者有明显的头痛，关节也会像患有关节炎似的疼痛难忍。当然可以用药物来治愈莱姆病，但是，我们还是需要尽一切可能不让蜱虫附在身上。”

“没错，我们都得警惕。”阿卡迪亚说道，“我可不想成为蜱虫的晚餐。”

“得莱姆病的人多吗？”伊莎贝尔紧张地问道。

“你知道目前莱姆病‘中奖率’比较高的是哪个年龄段吗？”

“我平时在户外待的时间很长，爸爸妈妈都会提醒我检查身上有没有蜱虫，但我总是敷衍了事。”想到这些，阿卡迪亚问道，“是我们这个年龄段，对吧？”

“很遗憾地说，是的。在缅因州，5 岁至 14 岁是莱姆病发病率最高的年龄段之一。”

“那该怎么办？我可不想停止户外探索活动呀！”阿卡迪亚说道。

“我也不想让你停下来，”阿卡迪亚的爸爸说道，“那你能做点儿什么，来防止蜱虫咬到自己吗？”

阿卡迪亚想到了自己徒步旅行时驱赶黑蝇和蚊子的场景：“防蚊液管用吗？”

爸爸点点头：“嗯，有的防蚊液可以喷在皮肤上，有的需要喷在衣服上。”

“刚才我是在袜子上发现的那只蜱虫，也许下次出来时，我们可以穿上雨靴或者高筒袜。”伊莎贝尔提议道。

“好主意，这样穿的话你看起来也会很酷，像我现在一样。”阿卡迪亚的爸爸一边说，一边把袜子提到裤脚处。

“我觉得吧，这种穿法只适合像您这种岁数的人，爸爸。”

“我宁可看起来有点儿傻，也不愿做蜱虫的晚餐。”伊莎贝尔说着，把裤脚塞进袜子里，“一会儿我们回到你家后，把衣服也换一下，检查一下有没有蜱虫藏在里面。”

阿卡迪亚说道：“缅因州所有的生物里，我觉得蜱虫是最可怕的，它们那么小，但是吸起血来太疯狂了。”

“被鹿蜱咬了，就一定会得莱姆病吗？”伊莎贝尔问道。

阿卡迪亚的爸爸回应道："请听我说，我的本意并不是吓唬你俩，而是想让你们提高警惕。并不是所有的鹿蜱身上都携带着莱姆病的病原体，即使携带了，它也得在寄主皮肤上附着 24 小时以上，才会传播莱姆病。随时随地保护好自己，每天检查身上是不是有蜱虫，你们就不会有事的。我常年与大自然打交道，身上也发现过很多次蜱虫，但是……"

阿卡迪亚听完："现在，我们终于明白您为什么是现在这个样子了。"

爸爸说道："嗯，请注意，咱们这一路上，我一个双关语都没讲呢。"

阿卡迪亚挑了一下眉毛："那，您就不算是个优秀的东道主，对吧，爸爸？"

爸爸笑了，伊莎贝尔哼了一下。然后，三人继续寻找春池。

阿卡迪亚一直在思考蜱虫和莱姆病的问题。

她在网上搜来了鹿蜱的图片，把它们贴在自己的笔记上。然后，她又想知道缅因州的莱姆病病例数量是增长了还是下降了。于是，她查询了缅因州疾病预防控制中心的网站，用图表形式记录下了 15 年来的病例情况。

一只成年鹿蜱大约3毫米长。

一只雌性鹿蜱喝完血后，身体充盈起来。

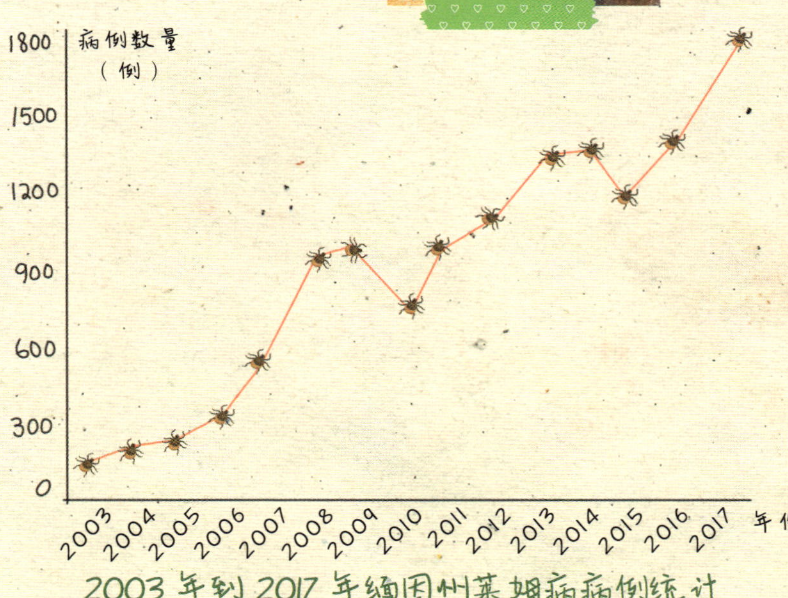

2003年到2017年缅因州莱姆病病例统计

新的科学词汇

蛛形纲动物

是节肢动物门下的一个纲，包括蜘蛛、蝎、蜱、螨等。蛛形纲生物通常由八只脚（昆虫一般有六只脚）、头胸和腹部构成，没有触须，也没有翅膀。

寄主

寄生物所寄生的生物。

寄生虫

寄生在别的动物或植物体内或体表的动物，如跳蚤、虱子、蛔虫、姜片虫、小麦线虫。

传病媒介

指能够在人和人之间或者从动物到人传播传染性病原体的生物体。鹿蜱就是莱姆病的传病媒介。

莱姆病是由鹿蜱携带的一种螺旋体导致的。

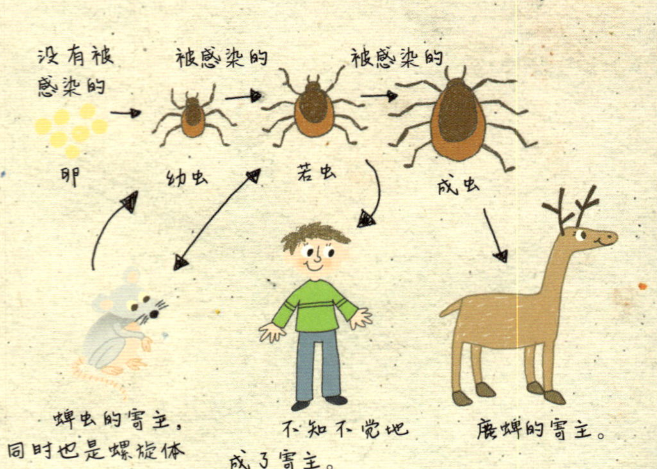

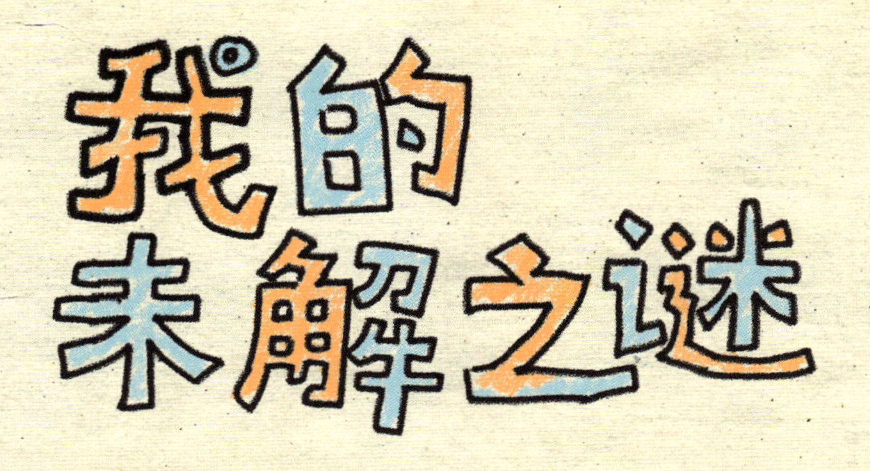

- 莱姆病的发病率为什么会呈上升趋势？

- 爸爸说，如果得了莱姆病，可以在医生的指导下，服用抗生素。每当我耳朵感染时，也会服用抗生素。这些抗生素起了什么作用呢？

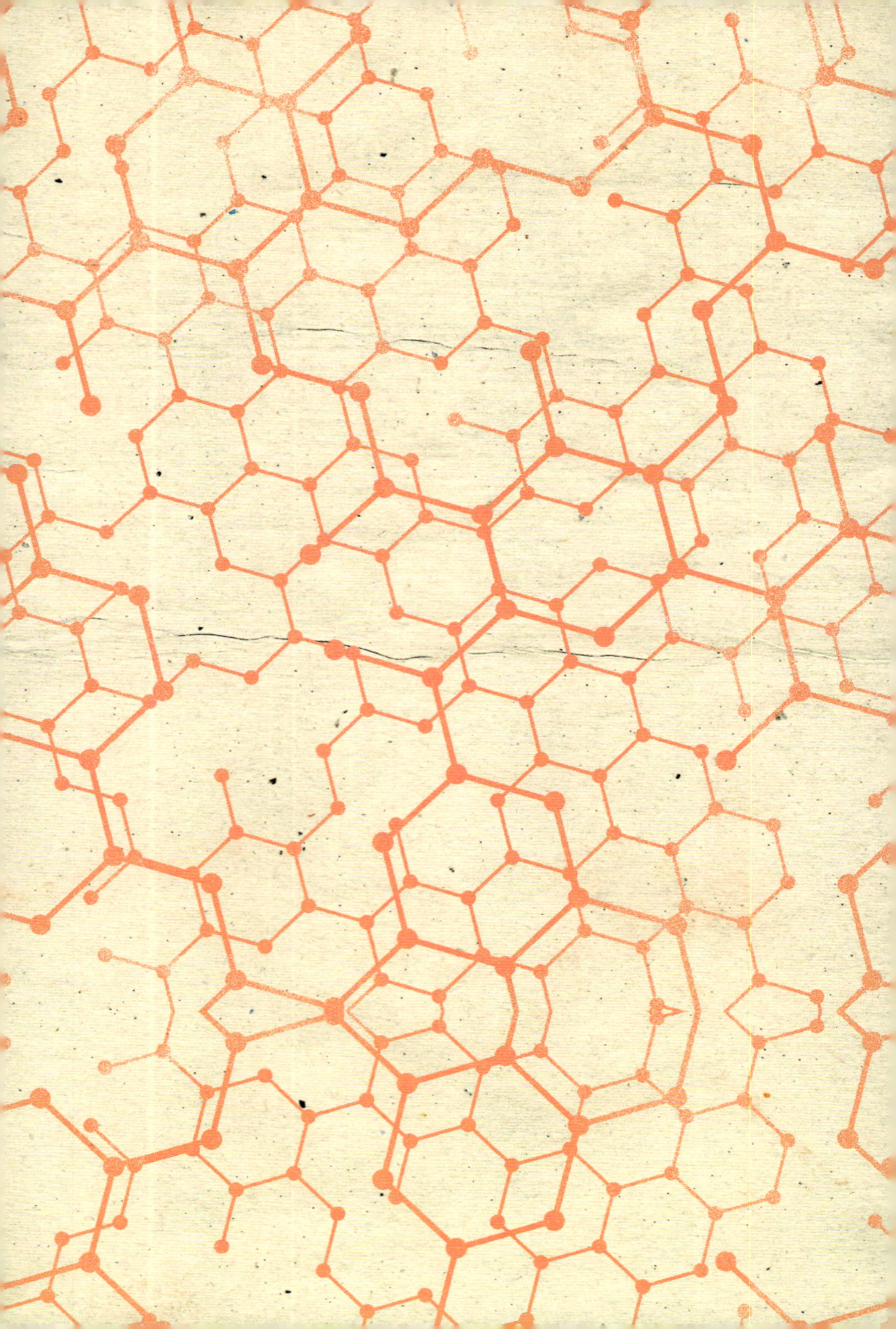

地球日、滴滴涕和蕾切尔·卡逊

阿卡迪亚穿着自己最喜欢的那件T恤走下楼梯。T恤上有一个许多双手捧起地球的图案，图案上方有一行字——每天都是世界地球日。“我经常穿这件T恤。”她跟坐在沙发上看书的妈妈说，“尤其是今天，特别想穿。”

“地球日也是我最喜欢的日子之一，因为……”妈妈回应道。

“因为所有人都可以庆祝这个日子，我听您说过很多次了。”

妈妈笑道：“没错，是这样，地球是所有人的家园。”

“是的。”阿卡迪亚附和道。此时，她想到了46亿年前地球形成时的样子，想到了6500万年前恐龙还存在的时候的样子，又联系到地球的现状。“地球或许是所有人的家园。”阿卡迪亚补充道，“但是，地球是以某些方式发生演变的，而不是另外的一些方式。”

“你这话是什么意思？”妈妈问道。

“我一直在想，恐龙和青蛙有许多相似之处。”

妈妈好奇地笑了笑，让阿卡迪亚坐在自己身边：“怎么相似呢？”

“因为那颗大的小行星撞击地球，恐龙生活的环境遭到了破坏，所以导致了恐龙的灭绝。现在来看，青蛙也是环境变化的指标生物。比如说，某个地方的污染非常严重，所有的青蛙都死掉了。青蛙捕食昆虫，如果没有青蛙了，昆虫就可能大量繁殖。然后，还有以捕食青蛙为主的生物逮不到青蛙了，就会寻找其他生物吃。这样一来，整个食物链就都会受到影响。”

“这个对比很有意思，阿卡迪亚。”妈妈说道。

“这种变化有时候是大自然引起的，有时候是人为导致的。但可以肯定的是，一个环节的变化会影响到整个生态的变化。”

妈妈抱了抱女儿，又亲了一下她的额头：“你居然自己琢磨出来了环境保护运动的内涵！”

阿卡迪亚皱了皱眉头问道：“您这是什么意思？”

“环境保护运动的初衷就是通过制定一些规程来保护生态平衡。我最喜欢引用的就是蕾切尔·卡逊的那句话，‘在自然之中，万物都息息相关’。刚刚你就指出来了这一点——一切生物都是互相关联的。”

“蕾切尔·卡逊是谁？”阿卡迪亚问道。

“她是一名科学家，也是一名作家。”妈妈起身走到客厅的书架旁，拿出一本淡绿色封皮的旧书。“卡逊在缅因州生活过一段时间，她写的这本非常著名的书——《寂静的春天》，改变了很多人对自然平衡的理解。”

“这个标题有点儿奇怪吧，春天不是寂静的呀！”

“这才是重点。原来有种农药……”

“农药就是喷在农作物上的杀虫剂，对吧？”阿卡迪亚打断了妈妈的话。

“嗯，差不多。这本书里介绍了在20世纪40年代，人们在世界范围内开始使用的一种叫作滴滴涕的农药。农民们用它来消灭侵害庄稼的害虫，以防止虫害的发生。”

“可是，现在人们还是在使用农药呀。滴滴涕怎么了？”

“当时，到处都在喷洒滴滴涕。飞机在农田上方喷洒，喷雾洒水车甚至在城镇周边向空气中喷洒。”

“喷洒出来的滴滴涕肯定消灭了很多害虫。”阿卡迪亚说道，她能想到，害虫数量减少，生物链肯定也会受到影响，“那些以害虫为食的动物怎么样了呢？”

“仔细想想这本书的名字——《寂静的春天》。还记得你在学校学过的食物链的知识吧？滴滴涕的毒素不会只停留在害虫体内，它会沿着食物链一直传递，而且会在环境中存留相当长的一段时间。”

“那就意味着滴滴涕里的化学物质会进入昆虫和蠕虫生活的土壤里。”阿卡迪亚回应道，“如果这些化学物质进入土壤，它们也会进入农民种的庄稼里。谁会愿意吃那些携带着足以消灭虫子的化学物质的东西呢？天哪！”阿卡迪亚想到了化学物质的传递规律，以及她所了解到的水循环的道理。“雨水会把这些化学物质带到溪流和河水里。”此时，阿卡迪亚在脑海中构思了一条食物链，“因为鱼类和鸟类会捕食昆虫，这些化学物质会继续传递。”

“确实是这样。”妈妈回应道，“越沿着食物链往上走，滴滴涕的浓度就会越高。对于吃了体内含有滴滴涕的动植物的其他生物，这些化学物质就会在它们体内聚积。有些鸟类因为体内滴滴涕的含量过高而丧生，这样一来，就影响了它们的繁殖能力。所以，一旦大量使用滴滴涕，鸟类的数量就会急剧下降。”

“所以，没有小鸟的春天就是寂静的。我明白了！这个标题太棒了！”

“她的这本书帮助人们意识到人类活动给环境带来的影响。”

阿卡迪亚想到了受到这种杀虫剂影响的所有

动物，但此时此刻，她突然想到了莱姆病以及她现在开始每天都在检查身上是不是有蜱虫的事。“妈妈，我想通了，人们为什么会喷洒滴滴涕，因为可以预防一部分虫害的发生。我敢打赌，如果我们把杀虫剂喷洒在鹿蜱身上，莱姆病的发病率就会降低。可这样一来，环境就会受到不好的影响。”

“亲爱的，这就是最核心的理念。就像自然需要平衡一样，万事万物都要两面看待，这一点非常重要。现在，人类还是被一些致命性的疾病困扰，比如疟疾，这就让人们开始思考类似的问题。”

“什么是疟疾呢？”

“疟疾是由蚊子身上携带的一种寄生虫导致的疾病。蚊子吸食人血时，就有可能把这种寄生虫病传播给人类……”

“这么说来，蚊子其实是疟疾的传播载体，

就像蜱虫是莱姆病的传播载体那样？”

“没错，是这样。每年大约有 2 亿多人感染疟疾，其中约 40.9 万人会因此而死亡。”

“太可怕了！”

“确实很可怕。”

阿卡迪亚低下头看了看自己的 T 恤，问道：“既要能帮助人类解决问题，也要能保护自然，我们应该怎么做才能保持这种平衡呢？”

妈妈抚摸着《寂静的春天》的封面说道：“人们每天都在思考这个问题。蕾切尔·卡逊让我们认识到，万事万物都是相互联系的。同时，她的这本书也帮助人们了解到意想不到的后果的含义，启发人们深思熟虑，谨慎地对待大自然。同时，在考虑帮助人类解决问题的时候，我们也需要采取谨慎周全的办法。”

此时的阿卡迪亚，脑海里被这些客观的事实和由此迸发出来的主观感受填得满满当当的，

“妈妈，我能读一读这本书吗？”

“尝试做出改变是很有勇气的一件事。想想你写给管理者的关于青蛙池塘的那封信，你和蕾切尔·卡逊其实是有相似之处的，你们俩都展示出了……”

“在自然之中，万物都息息相关？”阿卡迪亚抢着答道。

“没错，是的，但我其实想说的是，你们俩都展示出了文字的力量。”

阿卡迪亚看了看手里的《寂静的春天》，觉得很自豪，因为她知道自己的文字给缅因州一个小小的池塘带来了改观。

阿卡迪亚开始思考，每天她还能做点儿什么让环境得到更好的改善。她开始研究蕾切尔·卡逊的生平、滴滴涕以及环境保护运动的由来。然后，她把自己了解到的东西做成了一条时间线。阿卡迪亚一直在想，地球是如何成为人类赖以生存的星球的？人类应该怎么对待它？她也在思考着遭受疟疾折磨的非洲人，并想出了一些点子来帮助他们。

蕾切尔·卡逊生平主要事件时间线

·1929 年：大学毕业，获得生物学相关学位。她出生在宾夕法尼亚州西部，上大学时才第一次来到海边。她不会游泳，也不喜欢船只，但后来却成了一名海洋科学家，一个诗人。

·1932 年：获得动物学硕士学位。

·1936 年：被美国渔业局聘为水生生物学家。

·1937 年：论文《海洋深处》发表在《大西洋月刊》上。

·1939 年：为了消灭啃噬农作物的害虫，帮助人类应对如疟疾之类的疾病，滴滴涕出现了。

·1941 年：第一本书《海风下》出版。

·1951 年：出版《环绕我们的海洋》。她在书里面写道："鱼和浮游生物、鲸和鱿鱼、鸟和海龟，都跟某些特定的水源有着牢不可破的联系。"同年，辞去政府工作，成了一名职业作家。

·1952 年：《环绕我们的海洋》荣获美国国家图书奖（非虚构类），连续 86 周登上《纽约时报》畅销书排行榜。

·1953 年：另一本畅销书《海洋的边缘》出版。

·1958 年：马萨诸塞州的鸟类保护区管理员给蕾切尔写了一封信，信中描述了她发现滴滴涕使用后的第二天，有鸟类死亡的事情。由此，蕾切尔开始研究滴滴涕对环境的影响。

· 1960 年：被诊断出患乳腺癌。

· 1962 年：《寂静的春天》出版，一下子成了畅销书。

· 1963 年：在《寂静的春天》这本书的推动下，美国通过了清洁空气法案。当时，全美 48 个州，只有 487 对筑巢的秃鹰。

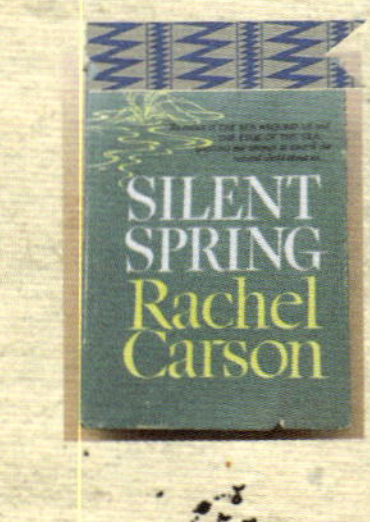

· 1964 年：蕾切尔 · 卡逊去世。

如果她能活得再久一些，是不是会写一本关于气候变化的书？她曾经在书里写过：我们生活在一个海平面上升的时代。有生之年，我们正在目睹气候变化的端倪。

· 1964—1965 年：美国国会的《荒野法案》和《水质法案》都是受到《寂静的春天》的影响后颁布的。

· 1970 年：4 月 22 日，第一个世界地球日设立。

· 1970 年：（美国）环境保护局（EPA）成立。

· 1972 年：《清洁水法案》通过，滴滴涕在美国被禁止使用。

· 1980 年：蕾切尔 · 卡逊被追授“总统自由勋章”。

关于疟疾的一些情况

（摘自世界卫生组织的信息）

全世界将近一半的人口遭受着疟疾的困扰。

因疟疾而死亡的94%的人口在非洲。

67%的疟疾死亡病例是5岁以下的儿童。

预防是关键，但早发现、早治疗会带来不一样的结果。

只有某些蚊子是疟疾的传病媒介，而且只有雌性蚊子会携带寄生虫。当蚊子叮咬患疟疾的病人时，它们就成了传病媒介。感染疟疾的人越少，传播的概率也就越小。

我的想法

世界地球日和世界防治疟疾日都设立在四月，而且离得那么近。所以，我们能不能把这两个日子结合在一起，来帮助一下非洲的和其他需要帮助的人们呢？

尝试一下让企业资助世界地球日举办的捡垃圾活动。如果我们在他们单位附近每捡1千克垃圾，他们就捐赠10元用来资助疟疾的研究，他们会愿意吗？

举办一个社区义卖会，把筹集来的钱全部用来购买蚊帐，用来帮助世界上那些疟疾肆虐地区的孩子们。

新的科学词汇

生物放大作用

在生态系统的同一食物链上，由于高营养级生物以低营养级生物为食物，某种元素或难分解化合物在机体中的浓度随着营养级的提高而逐步增大的现象。

食物网

食物链各环节彼此交错联结，将生态系统中各种生物直接或间接地联系在一起形成的复杂网状关系。

农药

农业上用来杀虫、杀菌、除草、灭鼠等以及调节农作物生长发育的药物的统称。

食物链

陆地上的植物、海洋中的浮游植物、藻类都是初级生产者，能利用二氧化碳、水和营养物质，通过光合作用固定太阳能，合成有机物质。摄食草本动物的叫作食草动物，摄食其他动物的叫作肉食动物。既吃草又吃肉的动物叫作杂食动物。植物——摄食该植物的动物——摄食该动物的其他动物等，就是一条食物链。处于食物链最顶端的动物叫作顶级捕食者（比如狮子、虎鲸），也就是相对固定的生态环境中没有其他生物可以捕食它的动物。

疟疾

由疟原虫感染所致的传染病。临床特征以发作时序贯性地出现寒战、高热、出汗、退热等症状，并呈周期性发作。蚊子叮咬人后，可以将这种寄生虫传播到血液里，它们在那里存活和繁殖。疟疾如果不及时治疗，会有致命的危险。

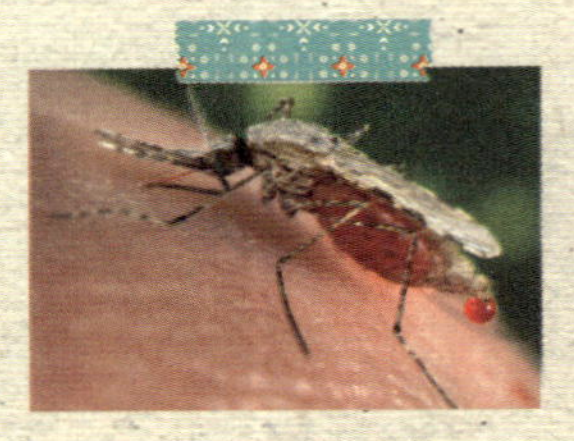

一只正在吸血的蚊子！

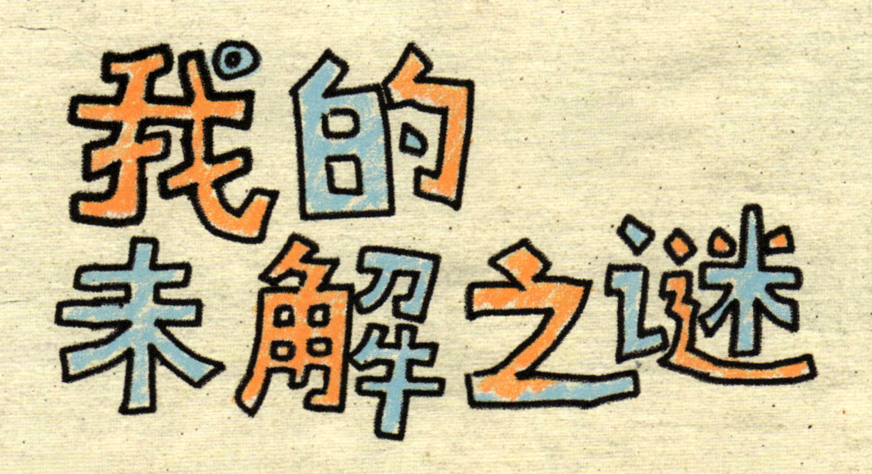

- 如果细菌可以抵抗抗生素，那么昆虫能不能抵抗杀虫剂呢？
- 我接种过流感疫苗和水痘疫苗，那么，有没有疟疾疫苗和莱姆病疫苗呢？

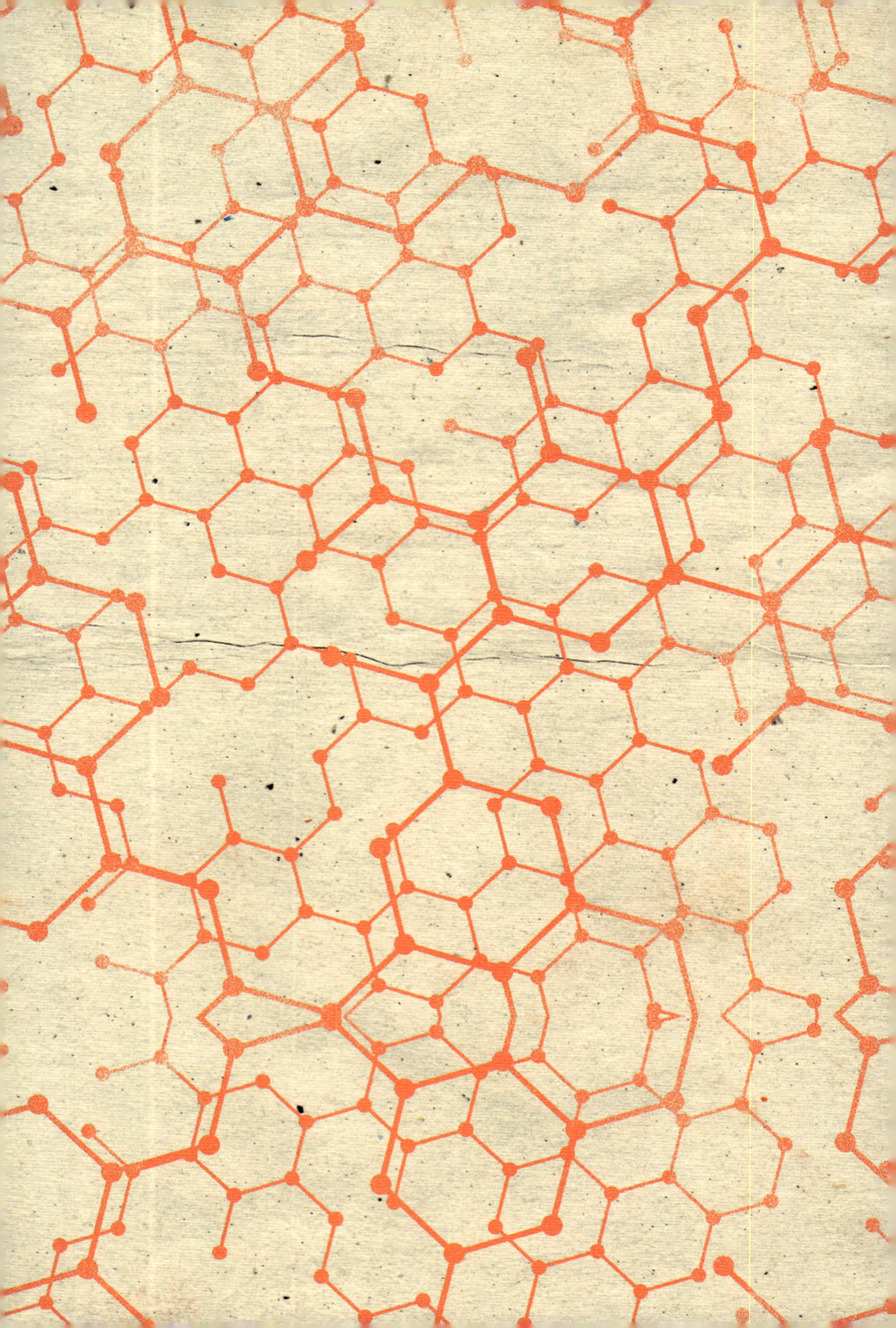

与科学相伴的一年

这是一个美好的春日。阳光明媚，微风和暖，花朵含苞待放。阿卡迪亚在弥漫着丁香花香气的球场上，把球踢给了约书亚。约书亚接过球后向球门的边角处踢去，但伊莎贝尔守住了球门。

“守得好！”约书亚接过伊莎贝尔踢回来的球。

阿卡迪亚回头看到妈妈正在一盆盆地往花园里搬花苗。“你们继续玩，我一会儿就回来。”阿卡迪亚跑向妈妈。妈妈正在端详花园里的每个角落，以便给花盆找到合适的地方。

“妈妈，您在干什么呢？”

“我在规划花园。”

“您看起来可有点儿焦虑。”

“不是焦虑，是这个工作有点儿麻烦。有的植物需要更多的光照，有的则不需要，还有的需要更大的生长空间。”

“当你不知道做什么的时候，就应该……”阿卡迪亚扬了扬眉毛。

妈妈看起来有点儿疑惑：“问问别人？”

“嗯，可以问问别人，或者也可以把它当作……”阿卡迪亚又给了妈妈一个意味深长的眼神。

“当作一个游戏？”

“不是游戏，是把它当作一个实验。研究一下这些花花草草，然后给它们做个实验，并且跟踪记录，分析它们放在哪个位置会长得更好。这样的话，您肯定就知道明年该怎么安排了。”

“你现在很像个科学老师。”

“您也可以先做个假设。”

“像你之前做过的，关于谁偷吃了蓝莓的假设？”

“没错！结果证明，我的假设是对的，是小鸟偷吃了我的蓝莓。不仅这样，我也意识到足球门门网的空隙太大了。所以今年，我要尝试着用小细网来阻挡小鸟偷吃。如果还不管用，我就会做更多的研究，想更多的办法。”

妈妈笑道：“说得真像个地地道道的科学家了。”

“我也觉得自己有点儿像科学家了。这一年里，我的笔记里写满了学到的东西。”

“快来玩呀，阿卡迪亚！”约书亚喊道，把球踢向了阿卡迪亚。

“妈妈，我去玩球啦！祝您在花园里的工作一切顺利！”

阿卡迪亚接过球，踢了一脚，球滚到了正在树荫下趴着的巴克斯特身边。她抬头看了看明晃晃的太阳，很清楚为什么阳光那么强烈。因为快到夏天了，北半球很快要迎来最大的太阳直射角度了。她也知道，北半球是夏天的时候，南半球正在过冬天。北半球温暖时，南半球寒冷；北半球寒冷时，南半球温暖。地球上的万事万物都要保持平衡，即使是一年四季。

一只小鸟飞过，巴克斯特跳起来去追赶。但是，像往常一样，小鸟的速度更快，飞走了。阿卡迪亚想到了物种生存的各种方式——从依附在寄主身上的小小的蜱虫，到院子里那棵一到秋天就落叶的大枫树——大自然的所有生物都在想方设法生存。她也想到了同样在想方设法“求生”的约书亚，原来的他总是说一些刻薄的话，可过去的这一年里，他有了非常大的改变。

约书亚把球踢给了阿卡迪亚的爸爸，他正在收晾衣绳上的衣服。约书亚指着晾衣绳说：“我很喜欢您的‘太阳能烘干机’！”

阿卡迪亚的爸爸被这句玩笑逗乐了：“这个不错。是的，我们正致力于减少自己的碳足迹。”

阿卡迪亚走向爸爸和约书亚：“我们这样做，就有一箩筐的快乐了，对吧，爸爸？”阿卡迪亚本想一本正经地说，可还是没能绷住，抿着嘴巴笑了起来，“对不起，这真不是个好的跟衣服相关的笑话。”

爸爸抱了抱阿卡迪亚：“我的女儿随我。”

伊莎贝尔走向他们仨：“现在我们要做点儿什么？”

“今天天气太好了。”阿卡迪亚说着，从晾衣绳上拿下一条毛巾，“我有点儿想躺在草地上看天空。”

“听起来不错。”伊莎贝尔说道。

“我也想。”约书亚也附和道。

三个小伙伴挨着躺了下来。伊莎贝尔说道：

“我就喜欢这样，什么都不做。很快，我们就能躺在沙滩上了，想着怎么撒欢儿、堆沙堡和游泳。”

巴克斯特也跑了过来，蜷缩起身体依偎在阿卡迪亚旁边。阿卡迪亚把手搭在巴克斯特毛茸茸的后背上，呼吸着新鲜的空气，仰望着空中的朵朵白云。不一会儿，白云变换了形状。阿卡迪亚在想，为什么今天的云朵看起来像一团轻柔的棉花球，而有时候又像在天空上泛起涟漪。她想到了天气以及天气变化的因素，也进一步想到这些因素是不是造成了白云形状的改变。

此时，一阵阵“喊咔——嘀——嘀——喊咔——嘀——嘀——”的声音传来。阿卡迪亚一下子坐了起来，看到一只小鸟正飞向自己的蓝莓树，她情不自禁地笑了起来。想想这一年来，她学到了很多知识，这些新知识又激发了她更多的疑问和思考。看看眼前的世界，阿卡迪亚很兴奋，因为她期待着更多的未知和探索。

环境指标生物帮助我们寻找自然平衡

时区
夏时制
地球倾斜
地球自转
季节
适者生存
自然选择
基因
DNA

潮汐
无处不在的力
飞纸飞机
土壤侵蚀
流星体
滑雪橇

疟疾
莱姆病
过敏
免疫系统

各种各样的循环

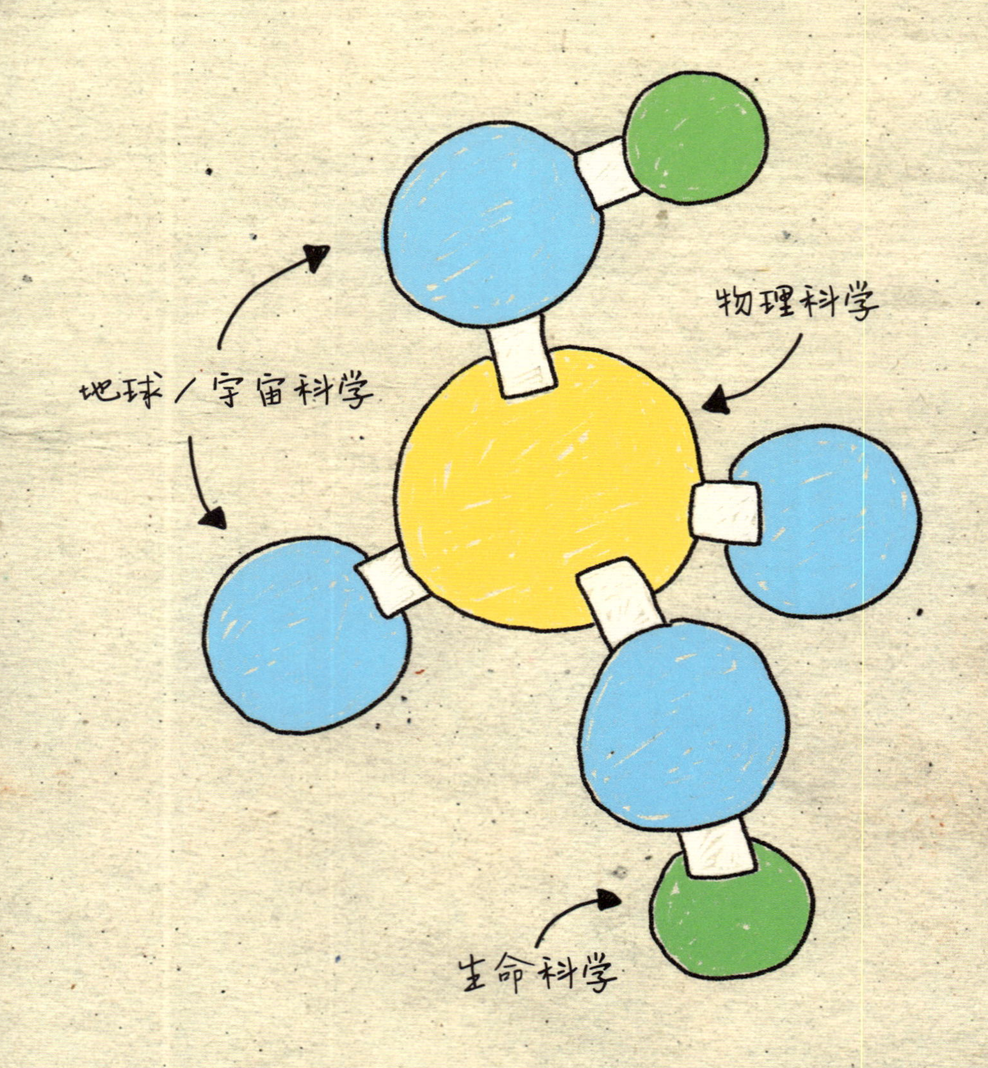
物理科学
地球／宇宙科学
生命科学

新的科学词汇

下面这些是这一年里，我了解到的一些科学词汇！

夏天	秋天
科学方法	环境指标
假设	非生物因素
证明	生物因素
结论	生物
遗传学	细胞
基因	光合作用
DNA	叶绿素
显性性状	自养生物
隐性性状	异养生物
物理风化	水循环
沉积物	转移
侵蚀	蒸发
堆积	冷凝
公转	降落
椭圆的	时区
自转	国际日期变更线
轴	世界时
重力	夏时制
引力	标准时
磁力	白细胞
	骨髓
	淋巴结
	脾
	皮肤

冬天	春天
气候	小行星
气候变化	流星体
大气圈	陨星
碳足迹	陨击坑
化石燃料	动量
全球变暖	大灭绝
温室效应	花粉
物质	萌芽
原子	卵生
分子	生命周期
空气动力学	寄生虫
阻力	宿主
升力	蛛形纲动物
动力	传病媒介
适应性	杀虫剂
冬眠	食物链
迁徙	食物网
物竞天择	生物放大作用
度	疟疾
力	

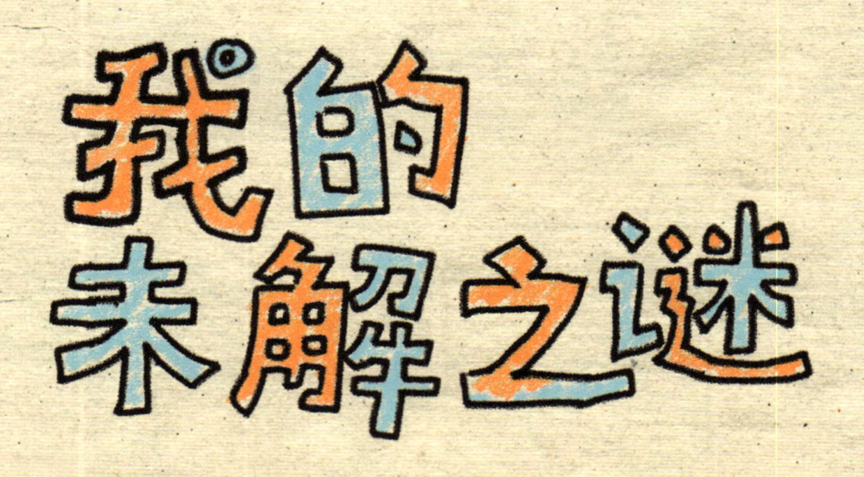

- 我还能学到什么？

致谢

非常感激乔纳森 · 伊顿以及蒂尔伯里出版社的工作人员对这本书给予的信任。感谢霍莉 · 哈特姆绘制的阿卡迪亚精心记录的笔记。

认识他的人，都能在这本书的故事中看到他，我的丈夫——安德鲁。从初稿到最后的定稿，他一直在给我反馈，并提供建议。谢谢你对我，以及一直以来给予全家人的支持。

感谢我的读者，安德鲁 · 麦卡洛、琳赛 · 科珀斯和佩吉 · 贝克斯福特。你们每个人都有着独特的视角，让这本书变得更好。同样，感谢我的小读者格丽塔 · 霍姆斯、西尔维娅 · 霍姆斯、伊莎贝尔 · 卡尔、艾莉森 · 斯玛特和格蕾塔 · 尼曼，谢谢你们真诚的（当然也很有趣的）

反馈。此外，还要感谢法尔茅斯中学的我的那些学生们。在我写这本书时，你们曾经问过的问题一直萦绕在我脑海中，这也是“阿卡迪亚的好奇记事本”系列的创作源泉。

最后，真诚感谢为这本书的科学内容提供编辑和校对工作的同事——安德鲁·麦卡洛、格兰特·特伦布莱、爱丽丝·特伦布莱、萨拉·道森、伊莱·威尔逊、简·巴伯以及伯思特·海因里希，你们各司其职，无可替代。本书凝聚了许多人的智慧和想法，单凭我一己之力是万万做不到的。

凯蒂·科珀斯与丈夫和两个孩子生活在美国缅因州。她是一名中学老师，教授艺术和科学，获奖无数。她的丈夫是名高中生物老师，结婚生子后，夫妻俩专注培养孩子的同理心、好奇心和创新意识。这本书的很多灵感正是来源于此。凯蒂的著作包括美国国家科学教授协会（National Science Teachers Association，NSTA）的教师指南——《科学中的创造性写作：激发灵感的活动》。

霍莉·哈特姆是儿童图书的插画家和图像设计师。她喜欢将线条、摄影和质地融合在一起，创作出极富活力与个性的插图。她绘制过插画的图书包括《什么是重要的》（曾获桑瓦儿童奖）、《亲爱的女孩儿，大树之歌》以及“创造者马克辛”系列。

在最后的最后，作为“阿卡迪亚的好奇记事本”在中国的出版方，我们还要感谢在百忙之中抽时间进行审读的老师们——热爱探索自然的生物老师姜泽和地理老师陈丽娟，还有假装自己是一个分子的物理老师刘畅。他们为这套书提供了专业的理论指导和帮助。

想法
的科学
笔记
植物细胞
童趣出版有限公司编译 人民邮电出版社出版

小科学家，让我们一起设计一个实验吧！

提出问题

做出假设

证明假设

得出结论

实验清单

实验工具：

实验步骤：

实验数据/结果：

你会使用棋盘法计算性状的概率了吗?
任务来啦!
画一画爸爸妈妈和你的眼睛吧。

如果你有一个弟弟或妹妹，他/她会拥有双眼皮还是单眼皮？

你能用棋盘法计算出来吗？

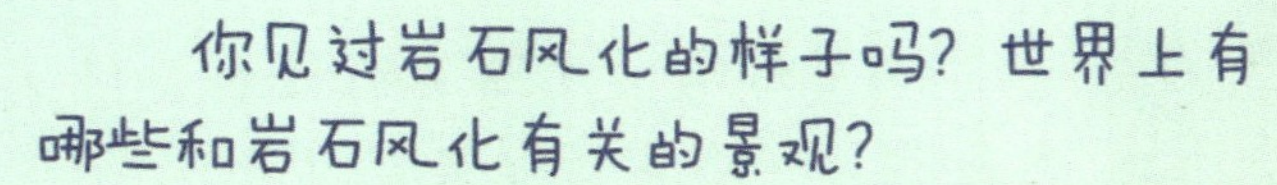

你见过岩石风化的样子吗？世界上有哪些和岩石风化有关的景观？

画一画它们的样子，查一查它们的形成时间和故事吧。

你能记录下整整一周的日出和日落时间吗?

日期	日出时间	日落时间

朝阳是什么颜色的，夕阳又是什么颜色的？

你知道牛顿和苹果的故事吗？
你知道牛顿通过苹果发现了什么吗？

你家附近的公园或绿化带里，有没有游客留下的塑料瓶、食品包装袋？

我们一起当个环保小卫士吧，看看你今天清理出了多少垃圾？

品种	数量

环保小卫士，展示一下你今天的清理成果吧！

清理前

清理后

你能用树叶和花朵做两幅拼贴画吗?

我们一起画一张地球水循环的图吧！从哪里开始好呢？

你每天早晨起床的时候，世界各地的小朋友都在做什么呢？

时间	城市	在做什么？

校 车

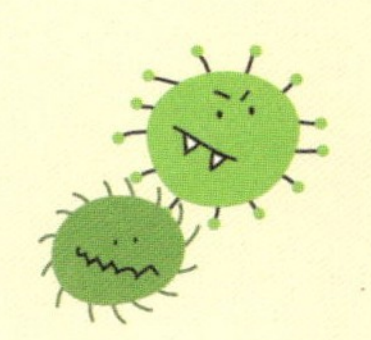

细菌和病毒有什么区别?

写一写，画一画，找一找。

说说你是如何保护自己，远离细菌和病毒的吧！

制订一个减少碳足迹的一周计划表吧。

按照你的计划表试验一周，看看自己的完成情况。

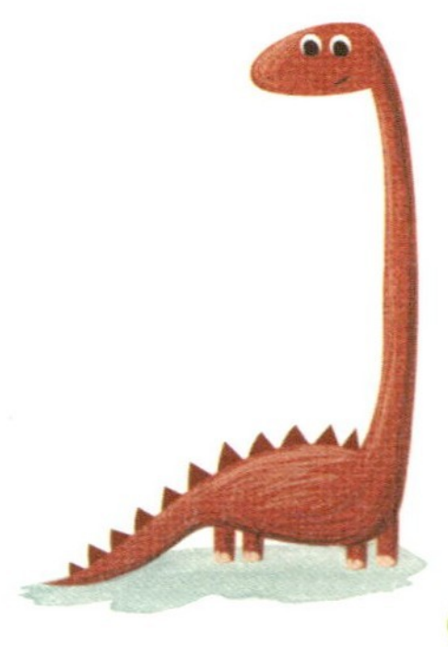

一瓶矿泉水的质量是多少？一瓶矿泉水的密度是多少？

查一查水的密度，看看它们的密度有什么不同。

实验步骤：

实验数据：

实验结果：

不同饮料的密度是一样的吗?

我们一起来折纸飞机！

你的纸飞机能飞多远？

你知道哪些动物会冬眠吗?

到了冬天,它们都藏在了哪里?

今年会有流星吗？

如果想要观察流星，需要有什么条件？

观测场地：________________

____

____

最佳观测时间：________________

____

观测装备：________________

____

____

观测结果：________________

____

____

拍一些象征着春天到来的照片吧！

做一份调查报告：什么疾病是通过昆虫传播的？

这种疾病在什么地方的患者最多？为什么？

怎样才能保护自己不得这种病呢？

怎样滑滑梯滑得最快?

实验步骤:

实验数据:

实验结果:

滑滑梯的照片

滑滑梯的照片

画两个你身边的食物链吧！

无论是花园里的昆虫、小鸟，池塘里的虾蟹、小鱼，还是纪录片中的瞪羚、狮子，什么都可以。不过，这条食物链上的动植物不能少于三种哟！

一起成为
小科学家吧!
想法

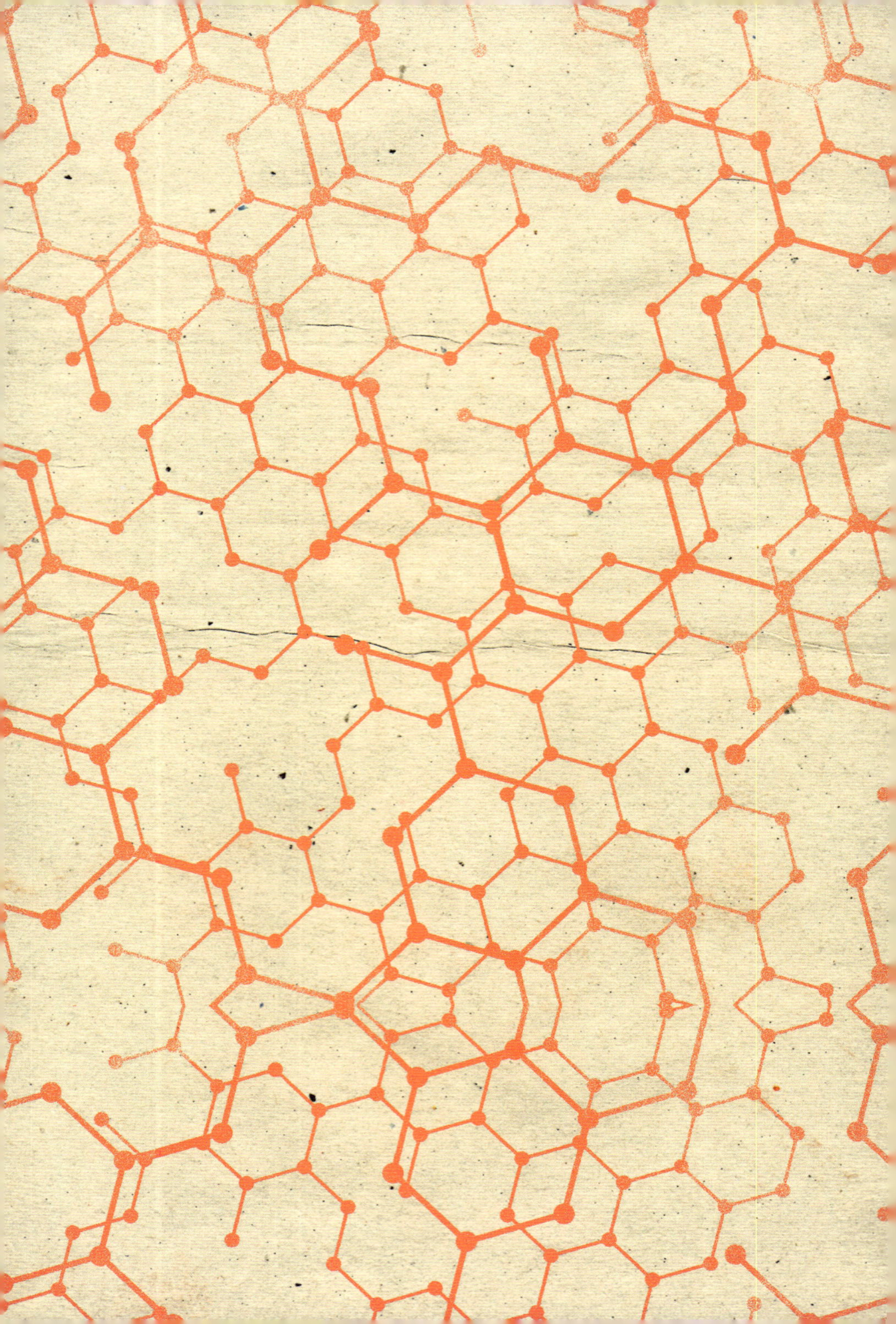